기초 수문학

기초 수문학

김민환, 정재성 저

머리말 •••

　100년이 넘는 우리나라 기상 관측 역사상 낮 최고기온이 40도까지 오른 적은 딱 한 번뿐이었다. 1942년 8월 1일 대구가 40.0도였다. 머리말을 쓰는 지금, 여름이 다 지나간 것은 아니지만 현재까지 '40도 이상'을 기록한 지역은 대구 1곳에서 7곳으로 늘어났다. 서울은 8월 1일 39.6도까지 올라 역대 최악의 폭염일로 기록되었다. 서울의 111년 관측 역사상 최고기록은 1994년 7월 24일 38.4도이었는데 이보다 1.2도 높았다. 관측소가 세워진 날짜가 다르긴 하지만 전국에 공식 관측소가 95곳이다. 이 중 64.2%인 61개의 관측소에서 역대 최고 기온을 기록하였다. 올 여름은 역사상 최장, 최고 기록을 갱신하여 우리나라의 폭염 역사를 새롭게 쓰고 있는 중이다. 오히려 태풍을 기다리면서 더위를 식혀 주기를 간절히 바라기까지 하였다.

　금년 여름의 기상이변은 한반도를 포함한 주변에서 여러 가지 최악의 기상상황의 조합에 의해 발생하였다. 장마가 일찍 끝난 것이 올해 더위 시작점이었다. 이후 더위를 식힐 만한 강우가 내리지 않았다. 우리나라의 여름철에는 북태평양 고기압의 영향이 크다. 올 여름은 티베트 고기압까지 더해지면서 고기압 세력이 엄청나게 강해졌다. 상층 티베트 고기압과 중·하층에 자리 잡은 북태평양 고기압이 합세하여 한반도를 뜨겁게 달궜다. 육지뿐만 아니라 한반도 주변 바다 수온까지 올라가 밤사이 최저기온이 떨어지지 않았다. 문제는 이와 같은 폭염이 앞으로 어느 해에나 일상적으로 나타날 수 있다는 점이다. 미국 국립기상학회 연례기후보고서에 의하면 지구 온난화 주범인 온실가스 배출량이 지난해 역대 최고치를 기록했으며 세계 이산화탄소 농도가 산업화 이전과 비교하여 45% 증가한 것으로 보고되었다. 온실가스 감축이 시급한 상황이다. 적극적으로 대처하지 않으면 올해 같은 극한 기온이 나타나는 빈도가 늘어나고 강도도 세질 것은 자명한 현상이다.

　기상이변은 지구상 도처에 폭염뿐만 아니라 가뭄과 홍수를 발생시킨다. 폭염에 가려졌지만 물을 저장할 수 있는 댐과 저수지의 저수율 역시 어려운 상황으로 변해가고 있다. 강우가 적게 내려 저수량이 부족하지만 국민에게 공급되는 생활용수를 비롯한 각종

용수 등은 원활하게 공급되고 있다. 하지만 물을 관리하는 주체와 관련 부서는 가뭄을 걱정하고 있다. 극한 폭염이 지나고 비가 오지 않으면 가뭄을 극복하기 위한 노력이 필요할 것 같다. 또한 언제든지 홍수도 발생할 수 있다. 이상기후로 인해 가뭄과 홍수는 과거보다 빈번하게 발생하는 추세이다. 최근 폭염이 시작된 1개월 동안의 강우량은 평년 282.3mm의 13.0%인 33.4mm로 기록되었다. 이로 인해 대부분의 다목적댐에서 가뭄을 대비한 감축 운영에 들어갔다. 농업용 저수지는 평균저수율은 70%이지만 일부 저수지는 바닥을 보이고 있다. 또한 강우 부족으로 일부 하천에서는 녹조로 인한 조류 경보가 발생하였다.

이상기후와 더불어 가뭄과 홍수의 빈번한 발생에 대비하기 위해서는 지구상의 물의 순환을 이해해야 한다. 물의 생성부터 소멸까지 순환과정을 통해서 물은 어디에서 오며, 물의 합리적인 분배와 운영을 어떻게 하며, 물이 부족하거나 과할 때 어떻게 대응할 것인가를 연구하는 학문이 수문학이다.

이 교재의 1장에서 수문학의 정의와 우리나라를 포함한 세계의 수자원 현황 등을 기술하였다. 2장~4장에서는 지구 대류권 내의 에너지 순환, 증발과 증산, 강수의 형성과정에 해당하는 기상수문학을 다루었다. 5장~6장에서는 지표면 아래의 지하로 유입된 물의 침투와 지하수 흐름, 지하수와 하천 유출관계를 다루는 지하수문학, 7장~8장에서는 강수 중에서 증발, 차단, 침투 등의 손실을 제외한 지표면을 흐르는 유효 강우, 강우-유출관계, 유출해석과 홍수추적을 다루는 지표수문학에 대해 기술하였다.

이 교재를 통해서 지구상의 물순환을 이해하고 이상기후로 인해 발생되는 가뭄과 홍수와 같은 자연현상을 예방하고 대처하는 데 도움이 되길 기대한다. 기초 수문학은 학부에서 1학기용으로 다룰 수 있도록 수문통계, 수문설계 등을 생략하였다. 매 장 말미에 연습문제는 본문 내용의 요약정리와 본문 내용에 추가하여 알아둘 만한 사항들을 주관식으로 정리하였고, 토목기사 시험 기출문제의 일부를 개관식으로 수록하였다. 끝으로 이 교재의 출판에 도움을 주신 도서출판 씨아이알 김성배 대표님, 박영지 편집장님께 감사드립니다.

2018년 8월 17일
저자 씀

목 차

CHAPTER 04 증발과 증산

CHAPTER 07 유 출

CHAPTER 08 하천 유량

01
—
서 론

CHPATER
01 · 서 론

본 장에서는 수문학의 정의, 수문학의 역사, 수문학적 물의 순환에 대해 공부하고 우리나라와 세계의 수자원 현황과 수자원 전망에 대해 기술한다.

1.1 수문학이란?

수문학(水文學)은 영어로 Hydrology이며 그리스어에서 유래된 *Hydor*(물)와 *Logos* (학문)의 합성어로서 물의 과학(Water+Science, Raudkivi)이라고 정의할 수 있다. 즉, 지구 표면과 내부·외부에 존재하는 물의 생성, 거동, 분포 및 부존 등에 관한 문제를 정성적 또는 정량적으로 구명하는 지역적 특수성이 강한 자연과학의 한 분야라고 할 수 있다. 예로부터 지구상의 인류는 다음의 의문을 갖고 물의 생성부터 소멸까지 순환과정을 체험하고 연구해왔다.

- 지구상의 물은 얼마나 될까?(quantity)
- 지구상의 물은 어디에서 오는 것일까?(origin)
- 지구상의 물은 어디로 가는 것일까?(destination)
- 물은 무엇으로 이루어졌으며, 어떻게 조절될까?(what, how)

• 필요보다 물이 많을 때와 적을 때에 인류는 어떻게 대응해야 할까?

(flood and drought control)

미국의 과학기술자문위원회(U.S. Council for Science & Technology)에서는 수문학을 "Hydrology is the science that treats the water of the earth, their occurrence, circulation and distribution, their chemical and physical properties, and their reaction with environment, including their relation to living things. The domain of hydrology embraces the full life history of water on earth."라고 정의하였다.

이 정의는 과학적인 관점으로 본 경우이며, 실용적인 관점에서는 응용수문학(applied hydrology), 혹은 공업수문학(engineering hydrology)이라 부르기도 한다.

이들 정의를 요약하면 수문학은 끊임없이 순환하고 있는 지구상 물의 생성, 순환, 분배의 과정과 규모, 물의 물리적 화학적 성질, 물의 순환 및 특성과 주변 환경의 관계 등을 다루는 학문이다. 수문학은 크게 기상수문학, 지하수문학, 지표수문학으로 구분하는데 최근에는 환경수문학을 추가하여 구분하기도 한다.

수문기상학(hydrometeorology)에서는 지구대기 내 대류권의 에너지 순환, 증발과 증산, 구름의 형성, 강수의 형성, 강수의 시공간적 분포 등을 포함하며, 주로 대류권에서 수분이 생성·이동·소멸되면서 지표면에 강수되는 과정으로 본 서의 2장~4장에 해당한다.

지하수문학(subsurface hydrology)에서는 지표면을 통과하여 지하로 유입된 물의 양, 흐름 등을 다루는 분야로서 침투와 지하수 흐름으로 구분되며, 이 흐름을 해석하기 위해 비포화 흐름과 포화 흐름으로 구분하여 해석하고, 지하수와 하천유출과의 관계도 다룬다. 본 서의 5장~6장에 해당한다.

지표수문학(surface hydrology)에서는 강우 중에서 증발 및 차단, 침투 등에 의한 손실을 제외한 유효강우가 지표면을 흐르는 과정을 다룬다. 유효강우로 발생한 지표면 유출이 모여 수로가 형성되고 이들 수로가 유역의 하류로 흐르면서 규모가 커지면 하천이 형성된다. 지표면유출에서부터 하천유출까지의 과정에서 유효강우량, 강우-유출

관계, 유출해석, 홍수추적 등을 공부하며, 본 서의 7장~8장에 해당한다.

환경수문학(environmental hydrology)에서는 대기, 지표, 지하에서 환경오염물질의 발생, 전달, 이동, 확산 등의 문제를 다룬다. 대기 환경은 전술한 수문기상학과 연계되어 있고, 지표 환경은 수질 환경이 대표적이며 강우와 유출을 다루는 지표수문학과 밀접한 관계를 가지며, 지하 환경은 지하수문학과 연계된 부분이다. 환경수문학은 수문학과 환경공학이 복합된 응용분야로 본 서에서는 별도로 다루지 않았다.

이와 같은 수문학 영역은 설명의 편의상 구분하였으나 물의 순환 과정에서 복합적으로 작용하며, 물의 순환 과정을 다루기 위해서는 다른 분야 학문의 도움이 필요하다. 대표적인 예를 들면 기상학, 기후학, 지질학, 토양학, 지리학, 유체역학, 하천학, 호소학, 해양학, 지하수공학, 통계학, 확률과정, 운영과학(operations research), 시스템공학 등이 필요하며 수자원공학, 댐공학, 환경공학, 이외에도 정치학, 경제학, 사회학 등과도 연계되어지는 대단히 넓고 심오한 학문이다.

1.2 수문학의 역사

수문학의 유래는 기원전 고대 그리스에서 철학자들의 물 순환에 대한 언급에서부터 찾을 수 있다. 즉, 하천에서 물의 근원에 대한 여러 가지 의견을 제시함으로써 물의 순환에 대한 관심을 갖고 있었다. 고대 중국과 우리나라 삼국시대 등 농경사회에서 물이 용이 쉬운 하천주변에 정착해 생활하기 위해서는 이수와 치수가 사회구성원 모두의 관심사였다. 수문학 이론이 기술된 책자는 확인되지 않고 있지만 중국 두장옌(都江堰), 안동 저전제, 상주 공검지, 김제 벽골제 등 수리시설은 수문학관련 유적들이다.

Leonardo da Vinci 시대(1452~1519)에 이르러 하천 유량 측정을 위해 부자를 사용하였다는 기록이 있으며 횡단면의 유속분포를 관찰하였다. 18세기에는 Bernoulli 이론, Pitot 관, Chezy 공식 등이 발표되어 수문학에 큰 발전을 가져왔다.

1856년에 다공성 매질에서 흐름의 법칙을 제시함으로써 지하수 수문학에 기여한 Darcy 법칙을 비롯하여 Dupuit-Theim의 우물공식, Hagen-Poiseuille 법칙 등이 수립되었다. 이후 체계적인 하천유량 측정 프로그램이 제시되고, 미국지질조사국, 미육군공병단 등에 수문측정업무를 담당하는 수문학관련 전문기관들이 설립되었다. 1889년에는 합리식과 Manning 공식이 소개되었다.

1930년 전후로 침투능이론(Horton, 1931), 단위도법(Sherman, 1932), 종합단위도법(Snyder, 1938) 등 경험공식들이 많이 제안되었다. 이 시기에 개발된 이론과 실험공식 등은 현재에도 수문학 분야에서 이용되고 있다. 1960년 후반에 들어 전자계산기의 출현으로 측정된 수문자료의 시계열 해석과 확률통계적 해석을 바탕으로 확률통계 수문학이 출현하였다.

이후에 수문학의 전산해석은 급속도로 진전되었는데, 그 예로 미육군공병단 수문연구소(Hydrologic Engineering Center, www.hec.usace.army.mil/software)에서 개발한 강우-유출 모의프로그램 HEC-1이 있다. 그 이후에 하천에서 수면곡선을 계산할 수 있는 수리해석 프로그램 HEC-2 등을 개발하여 활용할 수 있도록 하였다. 초기의 HEC-1과 HEC-2 프로그램은 Fortran으로 코딩되어 컴파일된 실행파일을 이용하는 DOS 버전이었는데, 이후 윈도우 버전의 HEC-HMS(Hydrologic Modeling System)와 HEC-RAS(River Analysis System) 프로그램으로 개발되어 다양한 수문-수리 해석에 사용되고 있다. 이런 프로그램들은 최근에 지리정보 시스템(地理情報-, Geographic Information System, GIS)과 연계하여 향상된 기능도 제공하고 있다.

그 외에도 미국의 환경청(Environmental Protection Agency, EPA)에서 제공하는 농촌지역의 장기유출해석에 적합한 SWAT(Soil and Water Assessment Tool) 모델, 도시와 농촌이 혼재된 유역의 오염부하와 장기유출해석에 적합한 BASINS(Better Assessment Science Integrating Point and Nonpoint Sources), 하천·호수·저수지·하구·해안에서 수리동역학 해석과 유사이송 해석이 가능한 EFDC(Environmental Fluid Dynamics Code) 모델, 도시와 농촌이 혼재된 유역에서 비점오염 부하량 추정과 장기유출해석에 적합한 HSPF(Hydrological Simulation Program-FORTRAN) 모델, 도시 우수관거 계통의 강우손실과 유출 및 수질의 모의기능을 포함하고 있는 SWMM (Stormwater Management Model) 등이 있다.

수문학은 인류의 탄생에서부터 현재까지 인류문명과 밀접한 관계를 가지면서 발전되어왔다. 최근에는 이상기후를 동반한 자연현상과 관련된 홍수 대응과 물 관리 문제를 해결하려는 노력이 더 많이 요구되므로 이와 관련된 수문학 기초이론의 이해와 응용연습은 토목기술자와 환경기술자들에게 요긴한 기술역량이 될 것이다.

1.3 물의 순환

바다의 표면이나 지표면으로부터 증발된 수분은 구름이 되고 적절한 여건이 형성되면 강수 형태로 지구상에 도달된다. 강수의 일부는 지표면 흐름을 통해서 유출이 발생되고 하천으로 유입되어 바다로 이동한다. 일부는 지표면 아래로 침투되어 공극을 채우고 일부는 지하수 수위를 상승(침루)시키기도 한다. 침투된 물의 일부는 중간에서 지표면으로 유출되기도 하고 증발(evaporation)되기도 한다. 또한 식물의 잎을 통해서 대기 중으로 수분을 공급하는 증산(transpiration) 현상도 발생된다. 이와 같이 물은 증발과 증산에 의해 대기 중으로 손실되며 이를 증발산(evapotranspiration)이라고 부른다. 지구상에서 물의 순환(hydrologic cycle)은 계속되고 있으며 이 과정에서 강수는 지역적 편중과 시간적으로 불균형 상태로 나타나고, 인류 생활공간도 강수와 또 다르게 편중되어 있기 때문에 강수의 시간적·공간적 분포는 인류 생활에 큰 영향을 준다. 물의 순환과정을 간단하게 그림 1.1에 제시하였다.

유역 내 물의 순환과정에 과대 또는 과소한 유량이 되면 홍수나 가뭄이 발생된다. 홍수나 가뭄을 포함한 물의 순환은 유역 내로 유입·유출되는 물수지 개념을 도입하여 해석한다. 물수지는 유량에 대한 연속방정식으로부터 해를 얻을 수 있다.

$$I - O = \frac{dS}{dt} \tag{1.1}$$

여기서 I는 강수량(유입량), O는 유출량, S는 시스템(유역) 내의 저류량이다. 또 물순환(물수지)방정식은 다음과 같다.

$$P - R - G - E - T = \Delta S \qquad (1.2)$$

여기서 P는 강수량, R은 유출량, G는 지하수량, E는 증발량, T는 증산량이다. 이와 같은 물순환 시스템을 그림 1.1에 나타냈다. 이 과정에서 식 (1.3)과 같이 지하수량, 증발량, 증산량을 합하여 손실(loss) L로 식 (1.2)에 적용하면 식 (1.4)와 같다.

$$L = G + E + T \qquad (1.3)$$

$$P - R - L = \Delta S \qquad (1.4)$$

강수량 P와 유출량 R, 손실량 L이 결정되면 지면저류의 변화량 ΔS를 구할 수 있다.

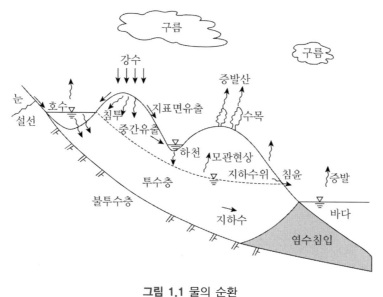

그림 1.1 물의 순환

[예제 1.1] 식 (1.1)의 연속방정식을 간단하게 예를 들어 설명하고 유도하시오.

:: 풀이

임의의 형상의 검사체적을 가정하여 검사체적 내의 물의 양을 $S(\mathrm{m}^3)$라고 하자. 상자

내로 유입되는 물의 유량을 $I(\mathrm{m^3/s})$, 유출되는 유량을 $O(\mathrm{m^3/s})$라고 하면 Δt시간 동안에 상자 내로 유입되는 물의 체적과 유출되는 물의 체적은 각각 $I\Delta t$, $O\Delta t$이다. 유입과 유출의 차 $(I-O)\Delta t$는 검사체적 내 물의 체적변화 ΔS와 같다. 즉, $(I-O)\Delta t = \Delta S$, $I-O = \dfrac{\Delta S}{\Delta t}$이고 $\Delta t \rightarrow dt$로 수렴시키면 식 (1.1)이 된다.

[예제 1.2] 면적이 1.5km²인 소유역에서 강우가 90분 동안에 10.5cm 내렸다. 유역의 출구에서 강우 이전에는 유출이 없었으나 강우 발생 이후, 10시간 동안에 평균 유출량이 2.0m³/s이었고 그 이후에는 유출량이 없었다. 지면저류량 변화가 없을 때 침투, 증발, 증산에 의해 손실된 양을 추정하시오. 강우량에 대한 유출률은 얼마인가?

:: 풀이

Δt시간 동안에 물수지방정식은,

$$P - R - G - E - T = \Delta S$$

여기서 ΔS는 지표면 저류량의 변화가 없으므로 0이고, 손실량 $L = G + E + T$이라면, $P - R = L$이다.

$$P = 1.5\mathrm{km^2} \times 10^6 \mathrm{m^2/km^2} \times 10.5\mathrm{cm}/100\mathrm{cm/m} = 157{,}500\mathrm{m^3}$$
$$R = 2.0\mathrm{m^3/s} \times 10\mathrm{hr} \times 60^2\mathrm{s/hr} = 72{,}000\mathrm{m^3}$$
$$L = 157{,}500 - 72{,}000 = 85{,}500\mathrm{m^3}$$

강우에 대한 유출량의 비를 유출계수라고 하며 무차원이다.
유출계수는 $72{,}000/157{,}500 = 0.457$

1.4 세계의 수자원

지구상의 수자원은 한정된 것이며 공간적/시간적 불균형으로 가뭄과 홍수가 지구상 도처에서 발생되고 있다. 물의 순환은 시작과 끝이 없지만 지구상의 물이 존재하는 장소에 따라 구분하면 표 1.1과 같다. 전체의 약 97%가 해수이고 약 3%가 담수이다. 담수 중에는 남극과 북극의 빙하 상태로 약 2%가 존재하기 때문에 이용 가능한 물의 양은 불과 1%에 불과하다. 전 인류가 이 물 1%에 의존할 수밖에 없다.

표 1.1 지구상의 수자원 부존량과 교환 주기

부존 장소	수량($km^3 \times 10^3$)	비율(%)	교환 주기
해 양	1,350,000.0	97.403	4,000년
대 기	13.0	0.00094	10일
육 수	35,977.8	2.596	-
하 천	1.7	0.00012	14일
담수호	100.0	0.0072	10년
염수호	105.0	0.0076	-
현수수(懸垂水)	70.0	0.0051	14~350일
지하수	8,200.0	0.592	수 시간~10만 년
빙 하	27,500.0	1.984	15,000년
동식물	1.1	0.00008	-

국가별 수자원에 대하여 수자원장기종합계획 2011~2020(2007)의 내용을 요약하면 다음과 같다.

그림 1.2는 세계 주요 국가의 수자원 현황[1]을 제시한 것으로 1인당 연강수량의 세계 평균은 807mm이다. 우리나라의 연평균 강수량 1,277.4mm(1978~2007년 평균)는 세계평균의 약 1.6배이나 인구밀도가 높기 때문에 인구 1인당 연강수량[2]은 2,629m^3로 세계평균 16,427m^3의 약 1/6에 불과하다. 1,500mm 이상의 연평균강수량을 갖는 국가는 일본, 뉴질랜드, 브라질 등이며, 우리나라와 비슷한 1,000~1,500mm의 국가는 영국, 노르웨이, 오스트리아 등이 해당된다. 실질적으로 우리나라에서 이용 가능한 수자원량

---

1 세계 각국의 수자원 현황 자료는 일본의 수자원(2009.8., 국토교통성 수자원부)에서 인용.

2 1인당 연강수 총량은 국토면적(99.7천km^2, 북한 제외)에 강수량을 곱한 수량에서 총인구로 나눈 값(한국의 인구는 2007년 통계청 자료, 평균 강수량과 수자원량은 1978~2007년의 평균값 기준).

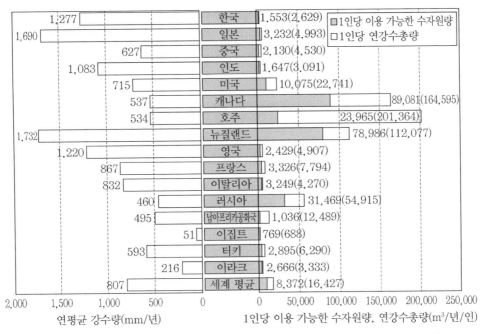

그림 1.2 세계 주요 국가별 수자원 현황(출처: 수자원장기종합계획 2011~2020)

은 임진강의 북한지역 유입량을 포함하여 약 723억m³/년이다.

우리나라의 1인당 가용 수자원량[3]은 1,553m³/년(2007)으로서 PAI 기준[4]에 따라 폴란드, 덴마크 등과 함께 물 스트레스 국가[5]로 분류되고 있다.

1.5 우리나라의 수자원

우리나라의 수자원 총량은 도서지역을 제외하고 연평균강수량 1,277.4mm/년과 국토면적 99.2km²을 곱하여 1,274억 톤/년인데, 유역 외 유입량인 화천댐 상류와 임진강에서 유입되는 유입량 23억 톤/년을 포함하면 연간 1,297억m³이다. 이 중에서 544억m³

---

3   1인당 이용가능한 수자원량(renewable water resources)은 강수총량에서 증발산량 등의 손실을 제외한 양(통상 하천유출량)을 총인구로 나눈 값.

4   스웨덴의 수문학자 Falkenmark의 연구결과를 인용하여 PAI(Population Action International)에서 적용한 기준.

5   물 스트레스 국가는 1인당 이용 가능한 수자원량이 1,700m³ 이하로 수자원 개발이 없는 자연하천수에 물 공급을 의존하는 경우 광범위한 지역에서 만성적인 물 공급문제가 발생하는 국가(PAI, 1997), UNEP에서 사용 중.

이 증발산으로 손실되고 58%인 753억m³이 하천을 통해 유출된다. 수자원의 배분 현황을 구체적으로 그림 1.3에 나타냈다.

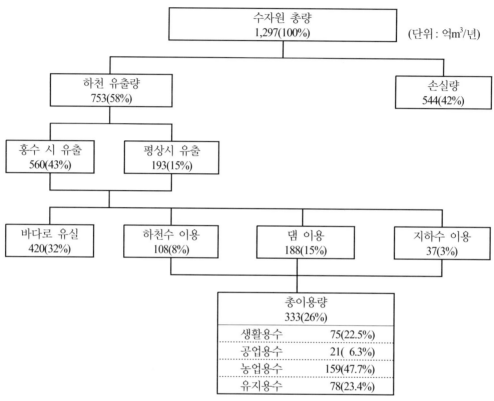

그림 1.3 우리나라의 수자원 배분(출처: 수자원장기종합계획, 국토해양부, 2011~2020)

2007년을 기준으로 수자원 이용량은 333억 톤이며 1965년의 51.2억 톤과 비교하면 6.5배 이상 증가하였다. 인구의 증가와 생활수준 향상으로 생활용수 비율이 꾸준히 증가하고 있으며, 유지용수 비율의 증가도 계속되고 있으나 농업용수 비율은 감소하였고 공업용수 비율에는 큰 변화가 없는 상황이다(표 1.2 참조). 단, 절대 사용량으로는 모든 부문의 용수가 증가하였다.

우리나라는 국토의 65%가 산악지형이고, 토양의 표토층이 얇아 유역의 함양능력이 적고, 하천 경사가 급하여 큰 홍수가 일시에 유출되고 갈수기에는 유출량이 적다. 즉, 홍수 직후 1~3일이면 상류의 물 대부분이 하구에 도달할 정도이고 갈수기에 유량은 대단히 적다. 국내외 주요하천의 유량변동계수[6]를 비교한 표 1.3에서 90~270 정도로서 외국과 비교하여 유량변동이 커서 수자원 관리가 어려운 상황을 알 수 있다.

표 1.2 우리나라의 수자원 이용 변화

(단위 : 억m^3/년)

구분 \ 연도	1965	1980	1990	1994	1998	2003	2007
수자원총량	1,100	1,140	1,267	1,267	1,276	1,240	1,297
하천유출량	-	662	697	697	731	723	753
총 이용량	51.2(100%)	153(100%)	249(100%)	301(100%)	331(100%)	337(100%)	330(100%)
－생활용수	2.3(4%)	19(12%)	42(17%)	62(21%)	73(22%)	76(23%)	75(23%)
－공업용수	4.1(8%)	7(5%)	24(10%)	26(8%)	29(9%)	26(8%)	21(6%)
－농업용수	44.8(88%)	102(67%)	147(59%)	149(50%)	158(48%)	160(47%)	159(48%)
－유지용수	-	25(16%)	36(14%)	64(21%)	71(21%)	75(22%)	75(23%)

※ 출처: 수자원장기종합계획(국토해양부, 2011~2020), 2007 유지용수는 2003과 동일 값 적용함. 전국 60개소의 하천유지유량이 2006년 고시되었으나 공급량은 제시하지 않음.

표 1.3 국내외 주요 하천의 유량변동계수(하상계수)

하천명	국가	유량변동계수	하천명	국가	유량변동계수
한강(한강대교)	한국	90(390)	콩고강	콩고	4
낙동강(진동)	한국	260(372)	라인강	독일	18
금강(공주)	한국	190(300)	나일강	이집트	30
섬진강(송정)	한국	270(390)	세느강	프랑스	34
영산강(나주)	한국	130(320)	양자강	중국	22
출처: 수자원장기종합계획, ( )은 다목적댐 건설 전			도네강	일본	115

그림 1.4와 같이 전 국토의 1900년대부터 2000년대까지 10년 평균 연강수량의 변화는 '70년대 이후 약 4%로 증가추세이며, 강수량의 변동폭도 점진적으로 증가추세이다. 연강수량 최저 754mm(1939)에서 최고 1,756mm(2003)까지 변화폭이 크며, 이러한 변동폭의 증가는 극한 가뭄과 홍수 증가의 원인으로 작용하고 있다.

　지역별 강수량의 편차가 심하고 홍수기에 강수량이 편중되어 물이용 및 치수 측면

6　하천의 특정지점(보통은 하류단면)에서 흐르는 연간 일유량의 최댓값을 최솟값으로 나눈 비.

모두 취약하다. 남해안 및 강원도 영동지역은 1,400mm 이상인 반면 경상북도, 충청도 및 경기도 내륙은 강수량이 적으며, 특히 낙동강 중부지역은 1,100mm 이하이다.

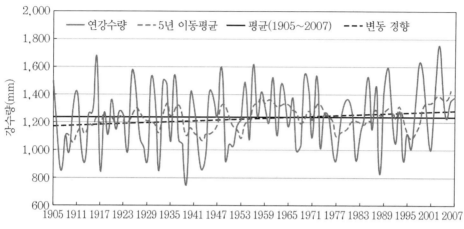

그림 1.4 우리나라의 연강수량 변화(출처: 수자원장기종합계획, 국토해양부, 2011~2020)

우리 조상들은 논에 벼농사를 지으면서 많은 물을 논에 저장하였으며 이는 저류지 역할을 하면서 홍수량을 경감시키고 지하수를 함양시켜 수자원확보에 기여한 것으로 볼 수 있다. 그러나 강우의 시간적/공간적 변동, 논농사 감소, 인구 증가와 도시화에 따른 유출변화와 물수요 편중 등으로 인해 인위적인 수자원의 관리가 절실하게 되었다. 이를 극복하기 위한 대표적인 방안이 물을 저장할 수 있는 댐의 건설이다. 그러나 댐 건설의 적지 부족, 건설비용의 증가, 생태계 보전 등이 댐 건설을 어렵게 만들고 있다.

표 1.4에 제시한 바와 같이 2007년에 완공된 장흥댐을 포함하여 우리나라에 15개 다목적댐(주암조절지는 다목적댐 개수에서 제외)에서 연간 10,884백만 톤의 물공급과 2,198백만 톤의 홍수조절능력을 확보하여 운영하고 있다. 우리나라의 댐과 저수지는 약 18,000개소로서 다목적댐 15개, 발전전용댐 12개, 용수전용댐 54개와 농업용 저수지 17,649개가 있다. 2006년 말 현재 이들 댐과 저수지에서 물공급량은 18,771백만 톤/년이며, 2020년까지 건설 중인 댐 등이 완공되면 물공급 능력은 20,079백만 톤/년으로 예상된다.

표 1.4 우리나라 다목적댐 현황

수계명	댐 명	유역면적 (km²)	제 원 높이 (m)	제 원 길이 (m)	총저수량 (Mcm)	유효저수용량 (Mcm)	발전시설용량 (천kw)	사업효과 홍수조절 (Mcm)	사업효과 물공급 (Mcm/년)	공사기간
한강	소양강	2,703	123	530	2,930.0	1,900.0	200.0	770.0	1,213	67~73
	충주	6,648	97.5	447	2,750.0	1,789.0	412.0	616.0	3,380	78~86
	횡성	209	48.5	205	86.9	73.4	1.4	9.5	119.5	90~02
낙동강	안동	1,584	83.0	612	1,248.0	1,000.0	90.0	110.0	926	71~77
	임하	1,361	73.0	515	595.0	424.0	50.0	80.0	591.6	84~93
	합천	925	96.0	472	790.0	560.0	101.2	80.0	599	82~89
	남강	2,285	34.0	1,126	309.2	299.7	14.0	270.0	573.3	87~03
	밀양	95.4	89.0	535	73.6	69.8	1.3	6.0	73	90~02
금강	대청	4,134	72.0	495	1,490.0	790.0	90.0	250.0	1,649	75~81
	용담	930	70.0	498	815.0	672.0	24.4	137.0	650.4	90~01
	보령	163.6	50.0	291	116.9	108.7	0.7	10.0	106.6	90~00
	부안	59.0	50.0	282	50.3	35.6	0.2	9.3	35.1	90~96
섬진강	섬진강	763	64.0	344	466.0	370.0	34.8	32.0	350	61~65
	주암	1,010	58.0	330	457.0	352.0	-	60.0	270	84~92
	주암조절지	134.6	99.9	562.6	250.0	210.0	22.5	20.0	219	84~92
탐진강	장흥	193	53.0	403	191.0	171.0	0.8	8.0	127.8	96~07

환경기초시설의 지속적인 확충 등의 노력으로 5대강의 수질이 개선되었으나, 최근 들어 수질개선이 정체상태이다.[7] 하천별 대표지점 기준으로, 한강은 '90년대 후반에 비해 서서히 개선, 낙동강은 '90년대 중반 이후 많이 개선되었으나 최근 정체, 금강은 연도별 변화가 반복, 영산강은 여전히 개선이 필요한 상황, 섬진강은 다소 악화되었다 회복되는 양상을 보이고 있다. 상류에서 하류구간 수질변화는 인구 및 산업이 집중된 중류지역 통과 후 하류지역에서 수질은 더욱 악화되는 현상을 보인다(그림 1.5, 1.6).

---

[7] 출처: 환경부 물환경정보 시스템(water.nier.go.kr)상의 각년도 평균 수질.

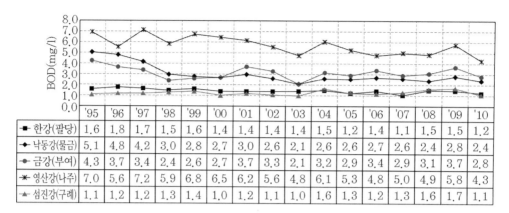

	'95	'96	'97	'98	'99	'00	'01	'02	'03	'04	'05	'06	'07	'08	'09	'10
■ 한강(팔당)	1.6	1.8	1.7	1.5	1.6	1.4	1.4	1.4	1.4	1.5	1.2	1.4	1.1	1.5	1.5	1.2
◆ 낙동강(물금)	5.1	4.8	4.2	3.0	2.8	2.7	3.0	2.6	2.1	2.6	2.6	2.7	2.6	2.4	2.8	2.4
● 금강(부여)	4.3	3.7	3.4	2.4	2.6	2.7	3.7	3.3	2.1	3.2	2.9	3.4	2.9	3.1	3.7	2.8
✳ 영산강(나주)	7.0	5.6	7.2	5.9	6.8	6.5	6.2	5.6	4.8	6.1	5.3	4.8	5.0	4.9	5.8	4.3
▲ 섬진강(구례)	1.1	1.2	1.2	1.3	1.4	1.0	1.2	1.1	1.0	1.6	1.3	1.2	1.3	1.6	1.7	1.1

그림 1.5 연도별 5대강 수질변화(출처: 수자원장기종합계획, 국토해양부, 2011~2020)

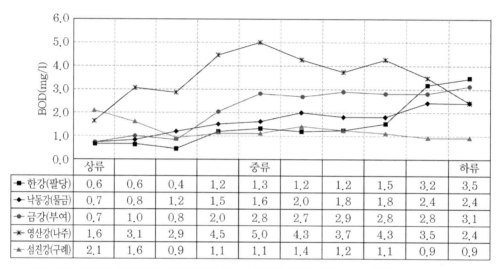

	상류			중류						하류
■ 한강(팔당)	0.6	0.6	0.4	1.2	1.3	1.2	1.2	1.5	3.2	3.5
◆ 낙동강(물금)	0.7	0.8	1.2	1.5	1.6	2.0	1.8	1.8	2.4	2.4
● 금강(부여)	0.7	1.0	0.8	2.0	2.8	2.7	2.9	2.8	2.8	3.1
✳ 영산강(나주)	1.6	3.1	2.9	4.5	5.0	4.3	3.7	4.3	3.5	2.4
▲ 섬진강(구례)	2.1	1.6	0.9	1.1	1.1	1.4	1.2	1.1	0.9	0.9

그림 1.6 상하류 간 5대강 수질변화(출처: 수자원장기종합계획, 국토해양부, 2011~2020)

1.6 수자원의 전망

UN은 2025년 세계 물 부족 인구가 30억 명에 이를 것으로 전망했다. 인구 증가, 물의 오염, 경제 성장, 도시화, 기후변화 등으로 수자원이 갈수록 부족해지고 수질오염이 심화되면서 물의 가치가 중요해졌다. 지진과 가뭄 등과 같은 자연재해가 발생하면 사람들은 물 부족으로 고통을 당하고 물로 인한 질병으로 목숨을 잃기도 한다.

전 지구의 기후변화로 호수의 물 감소와 사막화가 진행되고 있으며, 사해나 아랄해 등에서는 해수를 관개용수 수원으로 사용하고 있다. 인도차이나 반도의 태국, 라오스, 캄보디아, 베트남은 메콩강의 물 사용권을 두고 치열한 각축전을 벌이면서, 물 확보를 위해 국가적 역량을 집중하고 있다. 수자원의 보존과 확보를 위한 국가들의 치열한 노력 외에 국내 지역 간에도 물 확보를 위한 분쟁이 지속되고 있다.

일부 국가에서는 관개, 용수공급, 홍수방지를 위해 대형댐을 건설하여 대처하지만 환경적인 문제, 사회적인 문제가 제기되고 있어 이마저 여의치 않다. 수자원의 확보와 더불어 편중된 수자원을 합리적으로 배분하는 것은 쉽지 않다. 이와 같이 수자원의 확보와 관리, 분배 문제에 관심이 집중되고 있기 때문에 수자원공학에 대한 연구는 계속될 수밖에 없으며, 수문학이 수자원공학의 기반을 이루고 있다.

1.1 물순환(hydrologic cycle)을 그림과 물수지식으로 설명하시오.

p.8-그림 1.1 물의순환 참조.

1.2 지구상의 수자원 현황과 문제점에 대해 설명하시오.

1.3 우리나라 수자원 현황과 문제점에 대해 설명하시오.

1.4 본인의 주소지역에 있는 강우관측소의 연강수량을 1961년부터 2009년까지 막대그래 프로 제시하고, 5년 이동평균곡선을 그려 변화경향을 파악할 수 있는지 고찰하시오.

1.5 유량변동(하상)계수 측면에서 우리나라 하천의 특징을 설명하시오.

1.6 다목적댐이란 무엇이며 여러분이 거주하고 있는 유역이나 주변 유역에서 다목적댐을 찾아보고 각 댐의 제원과 특성을 조사하시오.

1.7 당신의 주소지가 포함된 유역에서 운영되고 있는 수위관측소 위치를 파악하여 표시하 시오. 그리고 유역 내에 있는 기상청의 측정자료를 기준으로 연평균강수량을 제시하고 전국 연평균강수량과 비교하시오.

1.8 하천종단측량결과가 다음과 같을 때, a) 등면적 경사법, b) 부분경사법을 이용하여 하천 경사를 구하시오. (h_0 = 78m)

하천길이(km)	0.0	0.5	1.0	1.5	2.0	3.0	4.0	5.0	6.0	7.0	8.0	8.5	9.0	9.5	10.0
하상표고(m)	78	80	83	87	82	106	124	141	158	177	205	226	257	290	330
$\Delta h = h - h_0$(m)	0	2	5	9	14	28	46	63	80	99	127	148	179	212	252

* 풀이

a) 기점표고 h_0 = 78m 이상 측량성과 표고(포물선) 아래면적 = 대응 삼각형 면적

$$\sum A = \left(2 + 5 + 9 + \frac{14}{2}\right) \times 500 + \left(\frac{14}{2} + 28 + 46 + 63 + 80 + 99 + \frac{127}{2}\right) \times 1000$$

$$+ \left(\frac{127}{2} + 148 + 179 + 212 + \frac{252}{2} \right) \times 500 = (23 + 386.5 \times 2 + 728.5) \times 500$$

$$= 762,250 \text{m}^2$$

$$\sum A' = \frac{1}{2} \Delta h \cdot L = \frac{1}{2} \Delta h \times 10^4 = 762,250, \ \Delta h = 152.45 \text{m}, \ S_A = \frac{152.45}{10 \times 10^3} \fallingdotseq 0.0152$$

b) $S_{10 \sim 85} = \dfrac{\Delta h_{10 \sim 85}}{L_{10 \sim 85}} = \dfrac{226 - 83}{(8.5 - 1.0) \times 10^3} \fallingdotseq 0.0191$

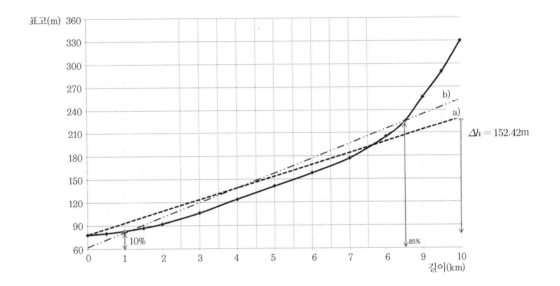

1.9 등고선도에 표기된 유출점(●)의 유역경계를 굵은 1점쇄선으로 표기하시오.

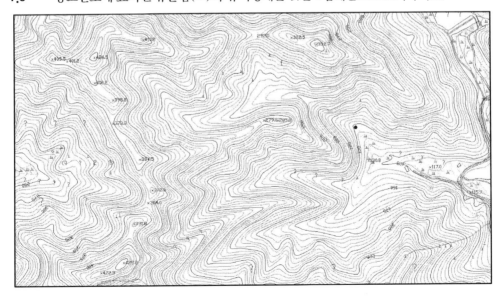

1.10 일기상 변화와 계절적 기후 변화의 직접적인 주요 원인은?

가. 에너지 소비

나. 태양 흑점의 변화

다. 물의 오염

라. 지구의 자전 및 공전

정답_라

1.11 유량변동계수(하상계수)를 바르게 설명한 것은?

가. 홍수 전과 홍수 후의 하상변화량의 비

나. 최심 하상고와 평형 하상고의 비

다. 최소일유량에 대한 최대일유량의 비

라. 최소월유량에 대한 최대월유량의 비

마. 개수 전과 개수 후의 수심변화량의 비

정답_다

02
—
수문기상학의 기초

수문기상학의 기초

CHPATER

02

수문기상학(水文氣象學, Hydrometeorology)은 지구상의 물의 순환과정에서 지구상의 물과 관련된 대기 현상을 연구하는 분야이다. 대기순환을 이해하기 위해 지상과 대기 사이에서 물의 이동에 영향을 주는 인자를 파악해야 한다. 해수면을 포함한 지상의 물을 대기 중으로 이동시키는 수문순환의 원동력은 태양복사에너지이며, 이 에너지에 의하여 기온, 압력, 습도, 바람 등과 같은 기상학적인 인자가 영향을 받고 이들 기상인자들이 증발과 강수에 영향을 미친다. 본장에서는 기상과 증발, 강수의 관계를 파악하기 위해 증발과 강수에 관련된 기상인자에 대해 공부한다.

2.1 태양복사에너지

지구의 대기성분은 대부분 질소(약 76%)와 산소(약 23%)로 이루어졌으며, 영구적으로 시간과 공간에 따라 변동성이 작지만, 그 외의 가스들은 고도가 높아짐에 따라서 감소되며 시간과 공간에 따라서도 변한다(표 2.1 참고).

표 2.1 지표 부근의 대기 성분

성분	분자식	분자량	존재비율(%)	
			용적비	중량비
질소분자	N_2	28.01	78.088	75.527
산소분자	O_2	32.00	20.949	23.143
아르곤	Ar	39.94	0.93	1.282
이산화탄소	CO_2	44.01	0.03	0.0456
일산화탄소	CO	28.01	1×10^{-5}	1×10^{-5}
네온	Ne	20.18	1.8×10^{-3}	1.25×10^{-3}
헬륨	He	4.00	5.24×10^{-4}	7.24×10^{-4}
메탄	CH_4	16.05	1.4×10^{-4}	7.25×10^{-5}
크립톤	Kr	83.70	1.14×10^{-4}	3.30×10^{-4}
일산화질소	N_2O	44.02	5×10^{-5}	7.6×10^{-5}
수소분자	H_2	2.02	5×10^{-5}	3.48×10^{-6}
오존	O_3	48.00	2×10^{-6}	3×10^{-6}
수증기	H_2O	18.02	-	-

강수현상에 직접적인 영향을 주는 대기고도는 지표로부터 약 10km까지로 대류권 (troposhere)에 한정된다. 대류권은 지구표면과 직접 접하고 있어서 대부분의 에너지, 운동량, 질량의 이동이 발생되는 층이다. 대류권에서는 고도에 따라 온도가 감소(기온 감률 6.5°C/km)되고 압력변화가 분명하게 나타나며, 이를 하부대기층이라 한다. 지구를 둘러싸고 있는 공기층은 일반적으로 50km 정도이며 이 층은 상부대기층(성층권)과 하부대기층(대류권)으로 구분한다. 그림 2.1은 고도에 따른 기온 분포를 나타내고 있으며 대기층을 고도에 따라 분류하여 제시하였다.

지구와 지구주변에서의 복사에너지 불균형이 기상현상을 유발시킨다. 수문기상학에 영향을 주는 인자는 태양복사에너지와 지구 내부에너지이며 이들 에너지의 차이가 수문 기상에 영향을 준다. 지구 표면에 도달하는 태양복사에너지는 위도(장소)와 계절(시간)에 따라서 다르다. 태양에서 방출되는 에너지의 극히 일부인 0.002%가 지구에 도달되며 이 에너지 강도는 $1.94cal/cm^2/min$으로 태양상수라 부른다. 통상적으로 $2.0cal/cm^2/min$을 사용하고 있으며 간단하게 2.0ly/min이라고도 한다. 이 에너지가 상부대기에 도달하지 만 구의 형태인 지구가 태양주위를 돌면서 기울어진 각도로 유입되기 때문에 에너지양 은 장소와 시간에 따라 다르게 도달된다. 적도부근에서 에너지 강도가 크고 극지방에서 작다. 여기서 1ly(langley)는 $1cal/cm^2$을 의미한다. 대기의 상부층에 도달한 태양복사

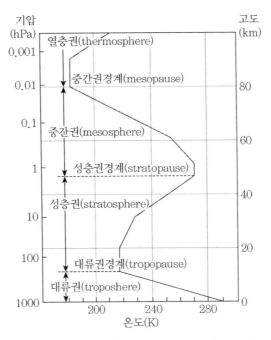

그림 2.1 고도에 따른 온도분포와 대기층의 구분

에너지는 하부 대기층의 상태에 따라 유입량이 변하게 된다. 즉, 대기 중의 물질에 따라 반사, 흡수, 굴절된다. 적도부근에서 유입되는 단위면적당 복사에너지가 많고 극지방으로 갈수록 유입되는 복사에너지가 적다. 그러므로 지구의 에너지가 평형상태로 되기 위해 저위도 지역의 에너지가 고위도 지역으로 이동하면서 바람이나 해류 등이 발생하게 된다. 에너지가 균형을 이루기 위해 에너지가 이동하면서 대기의 순환을 야기하며 여기에는 지구의 회전(자전)이나 지구의 압력분포 등이 영향을 주기 때문에 복잡해진다. 만일 지구의 회전이 없으면 남과 북쪽으로 에너지 이동이 발생하지만 지구의 자전으로 편향력(corliolis force)이 작용한다. 대기순환에는 이런 힘뿐만 아니라 기단이 이동할 때 지표면의 마찰력도 작용하여 영향을 준다.

2.2 기 온

지구와 대기의 온도는 태양복사에너지, 지구에너지의 불균형, 지구의 자전, 지표면의 상태, 고도 등에 따라 시간적·지역적으로 많은 변화를 보이고 있다. 기온은 일반적으로 낮에 오르고 밤에 내려간다.

기온은 평균기온과 정상기온으로 구분하여 나타낸다. 평균기온(mean or average temperature)은 원하는 기간의 기온을 산술평균하는 것으로 일평균기온, 월평균기온, 연평균기온 등이 있다. 일평균기온은 매시간에 측정된 기온을 평균(가장 정확함)하는 방법, 3~6시간 간격으로 측정된 기온을 평균하는 방법, 하루 동안의 최저기온과 최고기온을 평균하는 방법(흔히 사용)이 있다. 월평균기온은 한 달간의 일평균기온을 산술평균하여 결정하며, 연평균기온은 일 년간의 월평균기온을 산술평균하여 사용한다.

정상기온(normal temperature)은 특정한 일, 월, 연에 대해 최근 30년 단위의 평균기온을 의미한다. 정상일평균기온은 어느 특정한 날의 일평균기온을 최근 30년에 걸쳐서 산술평균한 것이다. 정상월평균기온은 어느 특정한 달의 월평균기온을 최근 30년에 걸쳐서 산술평균한 것이다.

기온의 단위로는 섭씨(Celsius, °C), 화씨(Fahrenheit, °F), 절대온도(Kelvin, °K)가 있다. 섭씨와 화씨온도의 변환은 식 (2.1)을 이용한다.

$$F = \frac{9}{5} C + 32 \tag{2.1}$$

여기서 F는 화씨온도이고, C는 섭씨온도이다. 절대온도와 섭씨온도의 관계는 식 (2.2)와 같다.

$$K = C + 273.15 \tag{2.2}$$

여기서 K는 절대온도이다.

기온은 지상으로부터 고도가 높아질수록 낮아지는데 그 감소율을 기온변화율(기온감률)이라고 한다. 수분이 없는 공기상태에서 주변기단과의 열교환이 없는 조건이면 기단이 100m 상승마다 1°C씩 감소하는데, 이를 건조단열기온감률(dry adiabatic lapse rate)

이라 한다. 만일 공기가 수증기로 포화되어 있으면 고도가 높아질수록 응축현상이 발생되고 이에 따라 수증기가 가지고 있는 에너지를 방출하여 건조한 공기보다 기온감률이 작아지는데, 이를 포화단열기온감률(saturated adiabatic lapse rate)이라 하며 100m 상승당 약 0.6°C씩 감소된다.

대류권에서 기온의 연직변화는 선형으로서 이 관계를 식으로 나타내면 다음과 같다.

$$T = T_0 - \alpha z \tag{2.3}$$

여기서 T와 T_0는 고도 z와 고도 0m인 지표에서 기온(°C), α는 기온감률이다.

청명한 날 밤에 지표면이 상부대기층보다 빨리 냉각되면 공기가 지표에 인접한 공기가 상부의 공기보다 차가워진다. 이때 고도가 증가함에 따라 온도가 높아지는 기온 역전현상이 일어나기도 한다.

비교적 경사 변화가 적고 강설량이 홍수에 중요한 역할을 하는 지역에서 온도-일 (degree-day) 개념이 사용된다. 온도-일은 일평균기온에서 기준값(화씨인 경우 32°F, 섭씨인 경우 0°C)을 제하여 구한다. 예를 들어 평균기온이 40°F인 날은 8 온도-일이라하고, 온도-일 인자를 반영한 평균융설량은 2~7mm/degree-day이다. 융설은 기온 이외에도 습도, 바람, 태양복사량 등의 영향을 받기 때문에 매일의 온도-일당 융설량은 변동될 수 있다.

2.3 습 도

대기 중의 물은 기체(수증기), 액체, 고체의 상태로 존재하며 대기 중에 포함되어 있는 수증기량을 나타내는 습도는 기후 및 기상상태를 결정하는 중요인자로서 물의 순환과정에서 중요한 역할을 한다.

대기 중의 수분은 기체상태로 존재하며 부분적으로 구름속의 작은 물방울, 강우형태인 액체와 고체상태인 눈, 우박 등으로도 존재한다. 물이 수증기로 변환되는 과정을 증발 또는 기화라고 한다. 물분자의 운동에너지가 액체 속에 남아 있으려는 인력보다 크면 물분자는 수면을 통하여 공기 중으로 이탈한다. 즉, 온도가 상승하면 물분자의 운동에너지가 활발해지고 표면장력은 감소하기 때문에 온도의 상승에 따라 증발이 증가한다. 고체상태에서 기체상태로 변환되는 과정도 기화(또는 승화)라고 하며 수문학에서 증발에 포함시킨다. 반대로 기체상태인 수증기가 액체나 고체로 변화는 과정을 응축(condensation)이라 한다. 고체가 액체상태로 변하는 현상을 융해(melting)라 한다.

물의 3가지 상태는 서로 다른 수준의 내부에너지를 갖고 있으며 이에 따라 밀도는 서로 다르다. 물의 상태가 변하려면 열의 방출이나 흡수가 필요하다. 온도 변화 없이 물의 상태가 변하는 데 필요한 열을 잠재열(혹은 숨은열, latent heat)이라 한다. 잠재열의 단위는 cal/g이 주로 사용되며 물질 1g의 상태가 변하는 데 필요한 열을 의미한다. 잠재증기화열은 온도변화 없이 액체가 기체로 변하는 데 필요한 단위질량당의 열량을 말하며 40°C까지 다음 식에 의해 결정된다.

$$L_e = 597.3 - 0.564\,T \tag{2.4}$$

여기서 L_e는 잠재증기화열이고, T는 물 또는 얼음의 온도(°C)이다.

2가지 이상의 기체가 혼합되어 있는 경우에 각각의 기체는 해당성분에 의한 압력, 즉 부분압력(partial pressure)을 갖는다. 공기와 수증기가 혼합되어 있는 경우에 수증기가 갖는 부분압력을 증기압(vapor pressure)이라 한다. 대기 중에 작용하는 총압력은 혼합된 기체의 각 성분의 압력을 합한 것과 같다.

$$P = P_d + e \tag{2.5}$$

여기서 P는 총압력, P_d는 건조한 공기의 압력, e는 수증기 압력인 증기압이다.

대기 중에 혼합될 수 있는 수증기의 양은 대기 온도에 따라 그 최댓값이 다르다. 특정한 기온에서 포함될 수 있는 수증기의 양이 최대가 되어 더 이상 증발이 발생할 수 없을 때 증발과 응축에 의한 수분 이동이 평형상태에 도달하게 된다. 이때의 증기압을 포화증기압(saturation vapor pressure)이라 한다. 온도에 따른 포화증기압의 변화와 그 값을 각각 그림 2.2와 표 2.2에 수록하였다.

그림 2.2에서 어떤 질량의 공기가 온도 $T°C$에서 e mmHg의 증기압을 갖는다면 A점은 포화증기압 곡선 왼쪽에 있으므로 온도가 $T°C$로 일정하게 유지될 때 이 기단이 더 많은 수증기를 흡수하면, 즉 $e_s - e$만큼 양의 수증기가 더 흡수되면 C점에서 포화상태가 된다. 다른 과정으로 A점의 습도를 일정하게 유지하면서 포화상태가 되려면 온도가 내려가야 한다. 그림 2.2에서 A점 기단의 온도가 T_d로 내려가면 B점에서 포화상태에 이르게 되며, 이를 증기압 e인 대기에 대한 이슬점(dew point)온도 T_d라 한다. 이때 수증기가 물방울로 변하기 시작한다.

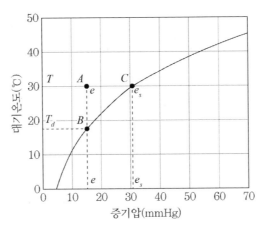

그림 2.2 온도에 따른 포화증기압

이슬점 온도는 일정한 압력과 일정한 양의 수증기를 유지하면서 공기를 냉각시켰을 때 그 공간이 포화상태로 되는 기온을 의미하며 그림 2.2에서 B점에 해당되는 기온이다. 포화증기압은 온도만의 함수이므로 다음과 같은 근사식으로 계산된다.

$$e_s = 33.8639[(0.00738\,T + 0.8072)^8 - 0.000019|1.8\,T + 48| + 0.001316] \qquad (2.6)$$

여기서 e_s는 포화증기압(mb, hPa), T는 기온(℃)이다. 또는 간단하게 나타내면,

$$e_s = 6.11 \exp\left(\frac{17.27\,T}{237.3 + T}\right) \tag{2.7}$$

여기서 e_s는 포화증기압(hPa, mb)이고, 증기압의 단위는 다음과 같다.

$$1\,\text{mmHg} = 13.6\,\text{mmH}_2\text{O} = 133.28\,\text{N/m}^2 = 1.333\,\text{mb} = 1.333\,\text{hPa} \tag{2.8}$$

여기서 $1\,\text{bar} = 10^3\,\text{mb} = 10^5\,\text{N/m}^2 = 10^5\,\text{Pa}$이다.

상대습도를 알면 이슬점 온도 T_d는 다음 식으로 계산된다.

$$T - T_d \simeq (14.55 + 0.114t)X + [(2. + 0.007t)X]^3 + (15.9 + 0.117t)X^{14} \tag{2.9}$$

여기서 $X = 1 - \dfrac{R_h}{100}$, R_h는 상대습도이다. 상대습도 R_h는 어떤 온도에서 포화증기압에 대한 실제증기압의 비이며, 그림 2.2에서 상대습도는 다음과 같다.

$$R_h = \frac{e}{e_s} \times 100\,(\%) \tag{2.10}$$

기온과 이슬점 온도가 주어진 경우에 상대습도는 다음의 근사식으로 구할 수 있다.

$$R_h = 100\left(\frac{112 - 0.1\,T + T_d}{112 + 0.9\,T}\right)^8 \tag{2.11}$$

표 2.2 온도에 따른 포화증기압 e_s

(단위 mmHg)

대기온도(℃)	0.0	0.1	0.2	0.3	0.4	0.5	0.6	0.7	0.8	0.9
−10	2.15									
−9	2.32	2.30	2.29	2.27	2.26	2.24	2.22	2.21	2.19	2.17
−8	2.51	2.49	2.47	2.45	2.43	2.41	2.40	2.38	2.36	2.34
−7	5.71	2.69	2.67	2.65	2.63	2.61	2.59	2.57	2.55	2.53
−6	2.93	2.91	2.89	2.86	2.84	2.82	2.80	2.77	2.75	2.73
−5	3.16	3.14	3.11	3.09	3.06	3.04	3.01	2.99	2.97	2.95
−4	3.41	3.39	3.37	3.34	3.32	3.29	3.27	3.24	3.22	3.18
−3	3.67	3.64	3.62	3.59	3.57	3.54	3.52	3.49	3.46	3.44
−2	6.97	3.94	3.91	3.88	3.85	3.82	3.79	3.76	3.73	3.70
−1	4.26	4.23	4.20	4.17	4.14	4.11	4.08	4.05	4.03	4.00
−0	4.58	4.55	4.52	4.49	4.46	4.43	4.40	4.36	4.33	4.29
0	4.58	4.62	4.65	4.69	4.71	4.75	4.78	4.82	4.86	4.89
1	4.92	4.96	5.00	5.03	5.07	5.11	5.14	5.18	5.21	5.25
2	5.29	5.33	5.37	5.40	5.44	5.48	5.53	5.57	5.60	5.64
3	5.68	5.72	5.76	5.80	5.84	5.89	5.93	5.97	6.01	6.06
4	6.10	6.14	6.18	6.23	6.27	6.31	6.36	6.40	6.45	6.49
5	6.54	6.58	6.65	6.68	6.72	6.77	6.82	6.56	6.91	6.96
6	7.01	7.06	7.11	7.16	7.20	7.25	7.31	7.36	7.41	7.46
7	7.51	7.56	7.61	7.67	7.72	7.77	7.82	7.88	7.93	7.98
8	8.04	8.10	8.15	8.21	8.26	8.32	8.37	8.43	8.48	8.54
9	8.61	8.67	8.73	8.78	8.84	8.90	8.96	9.02	9.08	9.14
10	9.20	9.26	9.33	9.39	9.46	9.52	9.58	9.65	9.71	9.77
11	9.84	9.90	9.97	10.03	10.10	10.17	10.24	10.31	10.38	10.45
12	10.52	10.58	10.66	10.72	10.79	10.86	10.93	11.00	11.08	11.15
13	11.23	11.30	11.38	11.75	11.53	11.60	11.68	11.76	11.83	11.91
14	11.98	12.06	12.14	12.22	12.30	12.38	12.46	12.54	12.62	12.70
15	12.78	12.86	12.95	13.03	13.11	13.20	13.28	13.37	13.45	13.54
16	13.63	13.71	13.80	13.90	13.99	14.08	14.17	14.26	14.35	14.44
17	14.53	14.62	14.71	14.80	14.90	14.99	15.09	15.17	15.27	15.38
18	15.46	15.56	15.66	15.76	15.86	15.96	16.06	16.16	16.26	16.36
19	16.46	16.57	16.68	16.79	16.90	17.00	17.10	17.21	17.32	17.43
20	17.53	17.64	17.75	17.86	17.97	18.08	18.20	18.31	18.43	18.54
21	18.65	18.77	18.88	19.00	19.11	19.23	19.35	19.46	19.58	19.70
22	19.82	19.94	20.06	20.19	20.31	20.43	20.58	20.69	20.80	20.93
23	21.05	21.19	21.32	21.45	21.58	21.71	21.84	21.97	22.10	22.23
24	22.37	22.50	22.63	22.76	22.91	23.05	23.19	23.31	23.45	23.60
25	23.75	23.90	24.03	24.20	24.35	24.49	24.64	24.79	24.94	25.08
26	25.31	25.45	25.60	25.74	25.89	26.03	26.18	26.32	26.46	26.60
27	26.74	26.90	27.05	27.21	27.37	27.53	27.69	27.85	28.00	28.16
28	28.32	28.49	28.66	28.83	29.00	29.17	29.34	29.51	29.68	29.85
29	30.03	30.20	30.38	30.56	30.74	30.92	31.10	31.28	31.46	31.64
30	31.82	32.00	32.19	32.38	32.57	32.76	32.95	33.14	33.33	33.52

※ 1mmHg=1.333mb=1.333hPa=133.3Pa

일반적으로 사용되는 온도계를 건구온도계라 하며, 온도계에서 수은이나 알코올이 들어 있는 아래 부분을 물로 적신 솜으로 싼 온도계를 습구온도계라 한다. 습구온도계에서는 증발로 인하여 증기압은 높아지고 기온은 낮아진다. 건구온도와 습구온도의 차이를 알면, 실제증기압을 구할 수 있다.

$$e = e_w - \gamma (T - T_w) \tag{2.12}$$

여기서 T와 T_w는 건구와 습구온도(°C)이며 e는 건구온도에서 실제증기압(mb)이고, e_w는 습구온도에서 포화증기압(mb)이다. γ는 건습구습도계(psychrometer) 상수로서 증기압의 단위가 mb일 때 0.66, mmHg일 때 0.485이다. 건구온도와 습구온도 차이를 습구강하량이라 하며 표 2.3을 이용하면 대기온도와 습구강하량으로부터 상대습도를 구할 수 있다.

수증기에 이상기체 상태방정식 $P = \rho R T$를 적용하면 증기압은 다음과 같다.

$$e = \rho_v R_v T \tag{2.13}$$

여기서 e는 증기압(mb), ρ_v는 절대습도, 또는 수증기 밀도(g/cm^3), R_v는 수증기의 기체상수(461.5Joule/kg/°K), T는 절대온도(°K)이다.

건조공기의 기체상수 R_d[287J/kg°K=2.87×10^{6}cm^2/(s^2/°K)]와 R_v의 비 ϵ은 식 (2.14)와 같고 비습도 $q_h = 0.622\,e/P$이다.

$$\epsilon = R_d / R_v = 0.622 \tag{2.14}$$

수증기의 밀도 ρ_v는 다음과 같이 나타낼 수 있다.

$$\rho_v = \frac{e}{R_v T} = \frac{\epsilon e}{R_d T} = 0.622 \frac{e}{R_d T} \tag{2.15}$$

이다. 식 (2.5)의 총압력 P는 건조한 공기와 수증기의 압력을 합한 것이므로 이 식으로부터 혼합된 공기의 밀도 ρ_m은 다음과 같이 나타낼 수 있다.[1]

$$\rho_m = \frac{m_d + m_v}{V} = \rho_d + \rho_v = \frac{P}{R_d T}\left[1 - 0.378\frac{e}{P}\right] \tag{2.16}$$

식 (2.16)은 동일한 온도 및 압력에서 습한 공기의 밀도가 건조한 공기의 밀도보다 작음을 보여주고 있다. 비습도(specific humidity) q_h (g/kg)는 수증기를 함유한 공기의 질량과 수증기 질량의 비로 정의된다.

$$q_h = \frac{m_v}{m_v + m_d} = \frac{\rho_v}{\rho_m} \tag{2.17}$$

여기서 m_v와 m_d는 각각 수증기의 질량과 건조한 공기의 질량이고 ρ_v는 수증기의 밀도이며 ρ_m은 수증기를 함유한 습윤공기의 밀도이다.

공기 중에 포함된 수분이 강우의 공급원이므로 수분의 양을 강수가능수분량(precipitable water)이라고 한다. 공기의 비습도, 고도에 따른 대기압 등이 파악되면 다음 식에 의해 강수가능수분량 W_p를 추정할 수 있다.

$$W_p = 0.01 \int q_h dP_a = 0.01 \sum q_h \Delta P_a \tag{2.18}$$

여기서 W_p는 강수가능수분량(mm)이며 q_h (g/kg)는 비습도, ΔP_a는 대기압차(mb)이다.

---

1   $\rho_m = \rho_d + \rho_v = \dfrac{P_d}{R_d T} + \dfrac{e}{R_v T} = \dfrac{P-e}{R_d T} + \dfrac{e}{R_v T} = \dfrac{P}{R_d T}\left[1 - \dfrac{e}{P}(1-\epsilon)\right] = \dfrac{P}{R_d T}\left[1 - 0.378\dfrac{e}{P}\right].$

표 2.3 습구강하량과 온도에 따른 상대습도

대기온도 (℃)	습구강하량(deg.)															
	0	1	2	3	4	5	6	7	8	9	10	11	12	13	14	15
−10	91	60	31	2												
−8	93	65	39	13												
−6	94	70	46	23	0											
−4	96	74	53	32	11											
−2	98	78	58	39	21	3										
0	100	81	63	46	29	13										
2	100	84	68	52	37	22	7									
4	100	85	71	57	43	29	16									
6	100	86	73	60	48	35	24	11								
8	100	87	75	63	51	40	29	19	8							
10	100	88	77	66	55	44	34	24	15	6						
12	100	89	78	68	58	48	39	29	21	12	4					
14	100	90	79	70	60	51	42	34	26	18	10	3				
16	100	90	81	71	63	54	46	38	30	23	15	8				
18	100	91	82	73	65	57	49	41	34	27	20	14	7			
20	100	91	83	74	66	59	51	44	37	31	24	18	12	6		
22	100	92	83	76	68	61	54	47	40	34	28	22	17	11	6	
24	100	92	84	77	69	62	56	49	43	37	31	26	20	15	10	5
26	100	92	85	78	71	64	58	51	46	40	34	29	24	19	14	10
28	100	93	85	78	72	65	59	53	48	42	37	32	27	22	18	13
30	100	93	86	79	73	67	61	55	50	44	39	35	30	25	21	17
32	100	93	86	80	74	68	62	57	51	46	41	37	32	28	24	20
34	100	93	87	81	75	69	63	58	53	48	43	39	35	30	26	23
36	100	87	87	81	75	70	64	59	54	50	45	41	37	33	29	25
38	100	88	88	82	76	71	66	61	56	51	47	43	39	35	31	27
40	100	88	88	82	77	72	67	62	57	53	48	44	40	36	33	29

2.4 바 람

바람은 공기의 이동으로 인하여 발생되며 수문기상과정에서 중요한 인자이다. 공기의 이동은 기압 차이에 의해 발생되는 자연현상이라 볼 수 있다. 이와 같은 현상은 지표면의 불균등한 열이 기압의 불균형을 초래하기 때문에 태양에너지가 근원이라 할 수 있다. 습기와 온도는 바람에 의해 쉽게 전달되며 수면에서의 증발량은 바람의 영향을 받는다. 예를 들어 바람 부는 날에 빨래가 빨리 마른다.

지구상의 공기 흐름은 지구의 자전과 태양복사열에 의해 발생된다. 바람은 대기압의 경사, 편향력, 마찰력에 의해 크기와 방향이 결정된다. 압력 차이는 바람을 발생시키고 그 차가 크면 바람의 속도가 증가한다. 만일 지구가 자전하지 않고 지표면의 마찰이 존재하지 않으면 바람은 압력이 큰 곳에서 작은 곳으로 직선적으로 이동한다. 실제는 지구의 자전에 의한 편향력과 지표면의 마찰력에 의해 조정을 받는다.

적도 부근에서 태양복사열을 많이 받은 공기는 상승하여 북극과 남극 방향으로 이동한다. 상승된 공기는 냉각되어 위도 30°N(S) 부근에서 하강하게 된다. 그러므로 적도부근에서 저기압이 발생하고 30°N(S) 부근에서 고기압이 형성된다. 동일한 원리에 의해 30°와 60° 사이, 60°와 극지방 사이에 공기순환이 이루어진다. 이와 같은 지구의 대기순환 과정을 그림 2.3에 나타냈다. 공기의 이동은 지구의 회전으로 적도와 양극 부근에서는 동풍이 되며 북남위 30~60° 부근에서는 서풍이 된다.

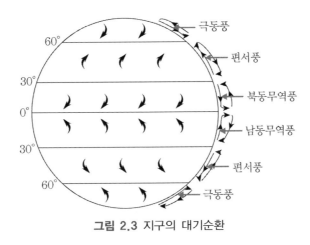

그림 2.3 지구의 대기순환

지역적으로 국지성 바람이 발생되며 지형적인 영향이나 지구 표면의 구성에 따라 바람은 다양하게 나타난다. 여름에 지표면이 인접한 바다 보다 온도가 높아져 지표면 위의 공기가 가열되어 상승하면서 저기압을 형성한다. 그러므로 바다의 차가운 기단(고기압)이 따뜻한 육지(저기압)를 향해 이동하므로 해풍이 육지로 불어오면서 몬순(monsoon) 강우를 형성한다. 반대로 겨울에는 육지가 바다보다 빨리 냉각되어 고기압을 형성하고 바다는 상대적으로 따뜻하여 저기압이 형성되며 건조한 바람이 육지에서 바다로 불어간다.

우리나라에는 매년 적도부근에서 발생한 따뜻한 공기가 바다의 수증기를 공급 받으면서 강한 바람과 많은 강우를 동반한 태풍이 지나가고 있다. 태풍은 늦여름과 초가을에 발생되며 고온 다습한 적도기단의 영향을 받는다.

지표면 위에는 나무나 건물, 지형의 높낮이 등의 장애물로 인해 마찰층이 형성된다. 기상 조건에 따라 100m에서 수 km까지 영향을 준다. 일반적으로 지표면의 풍속은 마찰층 상부 풍속의 약 40%, 바다 표면의 풍속의 약 70%이다. 높이에 따른 풍속의 변화는 대수분포를 따르며 고도와 풍속의 관계는 다음과 같다.

$$\frac{v}{v_1} = \left(\frac{z}{z_1}\right)^k \tag{2.19}$$

여기서 v_1(m/s)은 높이 z_1(m)에서 풍속, v(m/s)는 높이 z(m)에서 풍속이다. k값은 지표면의 조도와 대기의 안정상태에 따라 결정되며 그 범위는 0.1~0.8이다.

[예제 2.1] 지상 10m와 50m에서 설치된 풍속계로부터 관측된 풍속이 각각 10m/s, 20m/s이었다. 지상에서 30m에서 풍속은 얼마인가?

:: 풀이

$$\frac{20}{10} = \left(\frac{50}{10}\right)^k, \quad 2 = 5^k, \quad k = 0.431$$

$$\frac{20}{v_{30}} = \left(\frac{50}{30}\right)^{0.431}, \quad v_{30} = 16.05\text{m/s}$$

2.1 해수면에서 평균기온이 16°C일 때 고도 3km에서 기온은 얼마인가?

2.2 건구온도계와 습구온도계에서 온도가 각각 25°C와 15°C일 때, a) 상대습도, b) 포화증기압, c) 공기증기압, d) 이슬점온도를 구하시오.

2.3 대기압이 1,010hPa, 기온이 20°C, 이슬점온도가 15°C일 때, a) 증기압, b) 상대습도, c) 비습도, d) 공기밀도를 계산하시오.

$$※ \ e_s = 6.11\exp\{(17.27\,T_d)/(273.3+T_d)\}, \ R_h = e/e_s \times 100$$
$$q_h = 0.622e/p, \ R_a = 287(1+0.0608q_h), \ P = \rho RT$$

* 풀이

a) $e = 6.11 \ \exp[17.27\,T_d/(273.3+T_d)] = 6.11 \ \exp[17.27 \times 15/(273.3+15)] = 15.0\text{hPa}$

b) $R_h = e/e_s \times 100 = 15.0/23.37 \times 100\% = 64\%$,

   $e_s(20°\text{C}) = 17.53\text{mmHg} \times 1.333\text{hPa/mmHg} = 23.37\text{hPa}$

   표 2.2 포화증기압 27°C 17.53mmHg, 식 (2.8) 단위환산 1hPa = 100Pa = 100N/m^2

c) $q_h = 0.622e/p = 0.622 \times 15/1,010 = 0.00924\text{g/kg}$

d) $\rho_a = P_a/(R_a T_a) = (1,010 \times 10^2)/287.0 \times (273+20) = 1.24\text{kg/m}^3$

   $R_a = 287(1+0.0608 \times 0.00924 \times 10^{-3}) \fallingdotseq 287.0\text{J/kg}°\text{K}$

2.4 온도 25°C에서 물 30L를 증발시키는 데 필요한 열량을 구하시오.

2.5 대기온도 15°C일 때 식 (2.6), (2.7), 표 2.2로 포화증기압을 구하고, 그 결과를 비교하시오.

2.6 수문학에서 쓰이는 다음 용어의 정의와 용도를 쓰시오.

a) DAD 곡선, b) IDF곡선, c) 하상계수, d) Precipitable water

e) 북동무역풍, f) 편서풍, g) 상대습도, h) 포화단열기온감율

* 풀이

a) DAD 곡선 : 강우량―면적―지속기간, Depth-Area-Duration 곡선

   유역면적의 크기에 따라 다양한 지속기간을 갖는 최대 강우량을 산정하는 데 활용

b) IDF 곡선 : 강우강도―지속기간―발생빈도 곡선, Intensity-Duration-Frequency

수공구조물, 하천시설물의 설계 강우량 결정에 활용

c) 하상계수 : 연중최대 일 유량/연중최소 일 유량, 유량변동계수

하천유량 관리, 물 관리(이수, 치수) 업무에 활용

d) Precipitable water : 강수가능수분량, 대상유역 상공의 대기에 있는 모든 수분의 합계

유역의 PMP 추정에 활용

e) 북동무역풍 : 북위 30° 고압대에서 적도대로 향하는 대기순환류 태양복사와 지구 자전에

의해 맑은 날씨에서 지속되는 북동풍 법선무역에 활용되면서 trade wind로 부름

f) 편서풍 : 적도에서 상승한 기단이 냉각되어 위도 30°에서 하강하여 위도 30°에서 위도 60°

방향으로 부는 바람이 지구자전에 의한 코리올리스 효과로 동쪽으로 치우쳐 흐르는

바람(위도 30~60° 구간에서). 태풍의 진로예측에 활용

g) 상대습도 : $R_h = e/e_s \times 100(\%)$ 특정 온도에서 포화증기압에 대한 실제증기압의 비율.

수증기응결과 증발조건 결정에 활용

h) 포화단열기온감율 : 포화기단이 상승하면 응축현상에 따라 에너지를 방출하여 건조공기보

다 작게 나타나는 0.6°C/100m의 기온감율.

상승기단에서 수증기 응결고도(이슬점온도) 계산에 활용

2.7 기상관측에 의해 수집된 다음 자료를 이용하여 강수가능수분량을 구하시오.

위치	압력 P_a(mb)	비습도 q_h(g/kg)	위치	압력 P_a(mb)	비습도 q_h(g/kg)
1	1,005	14.2	6	600	5.6
2	850	12.4	7	500	3.8
3	750	9.5	8	400	1.7
4	700	7.0	9	250	0.2
5	620	6.3			

2.8 어떤 지역의 풍속이 10m 높이에서 5m/s, 2m 높이에서 4m/s로 관측되었다. 5m 높이에서 풍속을 구하시오.

2.9 Hadley 순환과 Coriolis 효과의 관계를 설명하고, 다음 그림에 북동무역풍, 편서풍, 극동풍을 표기하시오.

* 풀이

남북방향의 Hadley 순환에 Coriolis 효과가 작용하면 동서방향 전향력으로 순환의 방향이 바뀌었다. 지구 자전이 없는 상태에서 지표의 태양복사 에너지 차이에 의해 적도지역 상승기류와 극지역 하강기류가 발생하여 생기는 대기의 대순환을 Hadley 순환이라 하는데, 지구자전에 의한 Coriolis 효과는 이러한 대기순환에 편향력(전향력)을 작용시켜 편서풍 등이 나타나게 한다.

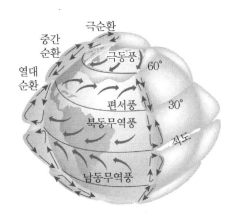

2.10 대기대순환에서 북반구에 나타나는 북동무역풍과 편서풍이 반대방향을 가지게 되는 이유를 설명하시오.

* 풀이

적도를 중심으로 강한 가열에 의해 적도저기압(열대 수렴대)을 형성, 상승기류가 발생하고 대기상층에서 극 방향으로 이동하면서 냉각, 위도 20~30도에 위치한 아열대 상공에서는 무거워져 하강기류를 형성하며 아열대 고기압을 형성, 이 아열대 고기압을 중심으로 지면에서는 적도 방향과 극방향(반대방향)의 지상풍을 형성

$$\left.\begin{array}{l} \text{적도방향} + \text{코리올리력} \rightarrow \text{북동무역풍} \\ \text{극 방향} + \text{코리올리력} \rightarrow \text{편서풍} \end{array}\right\} \text{으로 나타남}$$

2.11 대기의 온도 T_1, 상대습도 70%인 상태에서 증발이 진행되었다. 온도가 T_2로 상승하고 대기 중의 증기압이 20% 증가하였다면 온도 T_1 및 T_2에서의 포화증기압이 각각 10.0mmHg 및 14.0mmHg라 할 때 온도 T_2에서의 상대습도는 약 얼마인가?

가. 50%   나. 60%   다. 70%   라. 80%

정답_나

03
—
강 수

CHPATER
03 · 강 수

물의 순환과정에서 강우, 눈, 우박 등 수증기가 응축되어 지표면으로 떨어지는 모든 형태를 강수라 한다. 본 장에서는 강수의 형성 과정, 지상에서 강수의 시공간적 불균형, 강우자료의 수집과 분석 등을 이해함으로써 수자원의 시간적·공간적 분포의 근원을 이해할 수 있는 지식을 습득한다.

3.1 강수의 형성

강수는 크게 강우와 강설(눈)로 구분할 수 있으며 우리나라의 경우에 강설로 인한 유출문제가 발생하는 경우는 없으므로 강우를 중심으로 기술한다. 강우가 형성되어 지상에 도달하려면 다음 조건들이 모두 충족되어야 한다.

- 대기 중으로 충분한 수분의 공급
- 공급된 수분이 냉각되기 위한 과정
- 이슬점 이하로 냉각된 수분의 응축
- 응결핵을 중심으로 응축된 수분입자가 강수될 정도로 충분히 성장

3.1.1 수분의 공급

대기 중에서 충분한 수분이 공급되어야 하며 이 수분의 공급은 토양, 호수, 하천, 바다로부터의 증발과 식물로부터의 증산에 의한다. 지상의 증발은 전체 강우량의 10%만 기여하고 나머지 90%가 바다로부터 증발에 의한 것이다. 대기 중의 수분은 전체 수자원의 0.0011%이며 이는 지구표면 전체를 덮으면 깊이가 27mm 정도 되는 양이다.

3.1.2 냉각과정

대기 중에 충분히 공급된 수분이 물방울로 변하기 위해서 수분을 포함한 기단(air mass)[1]이 냉각되어야 한다. 즉, 기단이 상승하면서 온도가 이슬점 이하로 내려가 수분이 응축되면서 습윤단열기온감률에 따른 냉각과정이 필요하다. 강수가 형성되기 위한 냉각과정은 기단의 상승 원인에 따라 대류형, 전선형, 산악형 등이 있다.

(1) 대류형

대류형 강수는 맑은 여름에 대기 하부층의 공기가 가열되어 높이 상승할 때 생성된다. 하부층의 공기는 주로 지표면의 복사열로 인해 가열되는데, 지표면상태에 따라 불균등한 온도분포를 가지며 상대적으로 따뜻하고 가벼운 공기가 상승하면서 냉각된다(그림 3.1(a)). 짧은 시간 동안에 급속한 상승과 냉각으로 회오리바람, 소나기 등이 형성되며, 대류형 강우의 일반적 특성은 강우강도가 크고 지속기간이 짧다.

---

1 대륙이나 사막, 바다 위에 공기가 오랫동안 머물러 있으며 그 지역의 성질을 닮은 대규모 공기 덩어리가 형성된다. 이와 같이 기온과 습도가 유사한 공기 덩어리를 기단이라고 한다. 우리나라에 영향이 큰 기단은 한랭 건조한 시베리아 기단(겨울), 고온다습한 북태평양 기단(여름), 온난 건조한 양쯔강 기단(봄, 가을), 한랭 다습한 오호츠크 기단(초여름, 장마), 고온다습한 적도 기단(늦은 여름, 초가을, 태풍)이다.

(2) 산악형

수분을 포함한 기단(공기群)이 이동하면서 산과 같은 장애물을 만나면 산의 경사면을 따라 위로 이동하면서 냉각되어 강우가 발생한다(그림 3.1(b)). 산악형 강우는 집중호우와 뇌우를 동반하기도 하며, 우리나라와 같이 산이 많은 경우에는 지형특성이 강수량의 지역적인 분포에 영향을 준다. 즉, 일반적으로 산악지방에 강우가 많이 발생된다.

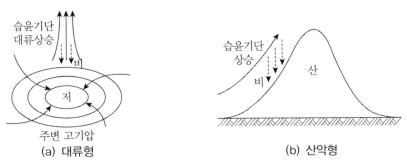

그림 3.1 대류형과 산악형 강수

(3) 전선형

기단은 고기압에서 저기압 쪽으로 이동하며, 온도가 서로 다른 기단이 만나면서 전선이 형성된다. 상대적으로 차가운 기단과 따뜻한 기단이 만나면 따뜻한 기단이 상승하면서 냉각되어 강우를 형성한다. 이 냉각과정은 한랭형과 온난형 2가지 형태로 발생된다. 정체된 따뜻한 기단 하부에 찬 기단이 진입하여 따뜻한 기단이 급격히 상승하면서 냉각될 때 형성된 경계면을 한랭전선면, 이 전선면과 지면이 교차되는 경계선을 **한랭전선**이라 하며, 이 전선면은 연직경사가 급하고 짧은 시간 동안에 큰 강도의 강우를 유발시킨다(그림 3.2 참조). 반대로 따뜻한 기단이 이동하여 찬 기단위로 올라가면서 형성되는 온난전선면은 연직경사가 완만하여 넓은 지역에 걸쳐 형성된다. **온난전선**에서는 전선면의 공기가 천천히 냉각되므로 장시간동안 넓은 지역에 걸쳐 작은 강도의 강우가 발생된다.

그림 3.2 한랭전선과 온난전선

3.1.3 응결

수분을 포함한 기단이 상승하면서 냉각이 계속되면 온도는 이슬점 이하가 된다. 이때의 증기압은 포화증기압이 되며 대기 중의 수분은 물방울을 형성할 수 있는 조건이 된다. 이 냉각과정에서 수증기가 액체상태 혹은 고체상태(기온이 빙점보다 낮은 경우)로 변환되는 과정을 응결이라고 한다. 이때 응결이 되기 위해서 응결핵이 필요하며 만일 응결핵이 없으면 수증기는 과포화상태로 지속된다. 응결핵을 중심으로 물분자가 부착되어 물방울을 형성하게 된다. 형성된 물방울이 수분을 흡수하여 상당히 커지면 연직방향으로 낙하하게 되며 낙하도중 다른 물방울과 충돌하면서 증발하지 않고 지표면에 떨어질 정도로 커진다. 이와 같이 수분은 수분입자들끼리 모여 성장하기 어렵기 때문에 공기 중의 응결핵을 중심으로 물방울이 성장한다. 응결핵은 $0.1 \sim 1.0 \mu$m의 크기를 갖고 있으며 이 응결핵을 중심으로 물방울의 직경이 2mm 이상 되어야 지상으로 떨어진다. 공기 중에 존재하는 응결핵으로는 공기 중에 떠 있는 먼지, 바다에서 증발한 소금가루, 연소에 의한 유황과 질소화합물 등이 있다. 인공강우를 만들기 위해 사용되는 응결핵으로는 요오드화은, 드라이아이스 등이 있다.

3.1.4 물방울의 성장

강우가 발생되기 위해서는 물방울이 직경 2mm 이상으로 성장하여야 한다. 대기 중에는 상승기류가 존재하며 이에 의한 양력보다 큰 무게로 성장해야 낙하가 가능하다. 낙하하는 과정에서 다른 물방울과 충돌하고 더 크게 성장하면서 빠른 속도로 지표면에 떨어지게 된다. 물방울은 최대 5mm 정도로 커질 수 있으며 이때 낙하속도는 33km/hr

정도 된다. 이슬비의 크기는 0.5mm 정도 되는데 1,000m 높이에서 지상에까지 도달하는 데 10분 정도가 걸린다. 물방울이 낙하되면서 물의 표면장력은 공기에 의한 견인력으로 작용하며, 물방울들은 분리되거나 병합되는 과정을 계속해서 반복한다. 지상에 도달하는 물방울의 크기는 구름의 종류, 바람, 기압 등과 같은 기상 상태에 따라 다르게 나타난다.

3.2 강수의 측정

지상에 도달한 강수량을 정확하게 측정하는 일은 수문해석에 중요하다. 강수량은 크게 강우와 강설로 구분할 수 있으나 본 절에서는 한반도에서 유출에 영향이 큰 강우량을 중심으로 기술한다.

3.2.1 우량계

강수량은 지면에 떨어진 강수의 양으로서 강수가 어떤 시간 내에 수평한 지표면 또는 지표의 수평투영면에 낙하하여 증발되거나 유출되지 않고 그 자리에 고인 물의 깊이를 말한다. 눈, 싸락눈, 우박 등 강수가 얼음인 경우에는 이것을 녹인 물의 깊이를 말하며 이슬, 무빙(안개 얼음), 서리, 안개를 포함한다. 비의 경우 강우량, 눈의 경우 강설량이라고 하며, 이것을 통칭하여 강수량이라고 한다. 강수량의 측정단위는 mm이고, 적설의 단위는 cm로 측정하며, 소수첫째자리까지 측정한다. 일강수량은 0.2mm까지 관측해야 하고 가능하면 0.1mm까지 관측해야 한다. 또한 주 또는 월강수량은 최소한 1mm까지 관측해야 하며, 일강수량의 측정은 정해진 시각에 행한다. 강수량으로부터 강설의 깊이를 추정하는 경우에는 눈의 비중을 0.1로 하여 계산한다. 예를 들면, 강수량이 10mm이면 이것을 10배로 하여 강설의 깊이를 대략 10cm로 하는 것이 보통이다. 강수 일수는 0.1mm 이상의 강수가 있었던 날만을 일수로 하며, 이슬이나 서리만이 있는 날은 제외한다.

최초 우량계는 1441년(세종23년) 8월에 호조에서 설치할 것을 건의하여 다음 해 5월

측우에 관한 제도를 새로 제정하고 측우기를 만들어 설치하였다. 이것이 우리나라에서 발명한 세계 최초의 지시우량 관측기구이다. 구성은 주철 또는 청동으로 만든 원통형의 측우기 본체와 이를 안치하기 위해 돌로 만든 측우대, 그리고 고인 빗물의 깊이를 재기 위한 자(周尺) 등 3부분으로 이루어져 있다.

이탈리아의 Benedetto Castelli가 만든 우량계(1639)보다 198년이나 앞서 만들어진 것이며, 프랑스는 1658년, 영국은 1677년부터 우량관측을 시작하였다. 제일 먼저 만들어진 측우기(1441)는 깊이가 2자(42cm), 지름 8치(16.8cm)로서 측정할 때 너무 깊고 무거워서 취급하는 데 불편하여 이듬해(1442)부터는 크기를 약간 줄인 깊이 1자 5치(약 31.5cm), 지름 7치(14.7cm)로 하였고, 정식으로 '측우기'라 명명하였다. 비가 오기 시작하여 비가 그치면 측우기 속에 고인 빗물의 깊이를 푼(分 : 약 2mm) 단위까지 측정하였으며, 비가 내리고 갠 일시 등 강수상황을 기록 보고하게 하였다. 각 도(道)의 감영(監營)에 측우기를 나누어 주었고, 군(郡) 이하의 관청에서는 자기(瓷器) 또는 도기(陶器)로 만들어 쓰도록 하였다. 자는 주철로 만든 것을 사용하였지만, 군 이하에서는 나무자 또는 대(竹)자를 쓰도록 하였다.

이후 임진왜란과 병자호란 등의 전란 때문에 측우제도가 거의 중단되어버렸으나, 영조 47년(1770)에 다시 부흥시켜 서울의 우량은 현재까지 계속 관측하고 있으며, 한 지점의 연속 관측값으로는 세계 최장의 기록이다. 측우기는 3단 조립식으로 되어 있으며, 내경 140mm, 외경 150mm이고, 조립하였을 때의 깊이는 315mm, 높이 320mm, 상·중·하단 각각의 깊이는 106mm·105mm·103mm, 조립했을 때 겹치는 부분이 3mm, 무게는 6.2kg이다. 현재 기상청에 보관 중인 측우기는 헌종3년(1837)에 청동으로 만들어진 공주감영의 금영측우기(錦營測雨器, 그림 3.3)로서 세계에서 유일한 진품 측우기이며, 보물 제561호로 지정되어 있다.

우량계의 수수기는 규격이 정해져 있지 않지만 WMO 관측지침에 의하면 수수구 면적이 200~500cm², 즉 직경이 16~25cm로 되어 있으며, 우리나라 기상청에서 사용하는 수수기의 직경은 20cm, 면적은 314cm²이다.

우량계는 크게 지시우량계와 자기우량계(自記雨量計)로 구분된다. 원리는 일정한 지름의 용기에 빗물을 받아서 깊이를 측정하는 것으로 용기에 받은 빗물의 무게 또는 부피를 측정하여 집수면적에 대한 깊이로 환산하고 mm 단위로 표시한다. 용기의 지름은 대체로 20cm이나 사용목적에 따라서 다른 규격을 쓰고 있는 곳도 있다.

빗물은 물론 눈, 진눈깨비, 우박, 이슬 등 용기에 들어온 것을 모두 녹여 물로 재고, 눈, 우박, 진눈깨비 등은 무게를 측정한 후 깊이(mm) 단위로 환산하여 강수량을 측정한다. 연속강수량과 강우강도(降雨强度) 분석을 위하여 자기우량계를 사용하여 연속 자료를 얻을 수 있다.

자기우량계는 사이펀식과 전도식이 있으며, 현장접근이 어렵거나 실시간 관측이 필요한 지점에서는 원격계측(Telemetering, TM) 우량계를 사용하고 있다. 현재 통용하는 우량계의 종류를 간단하게 정리하면 다음과 같다.

그림 3.3 금영측우기(1837)

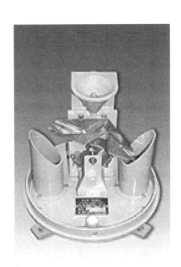

그림 3.4 전도형 우량계

(1) 보통 우량계

투명한 용기에 수수기와 저수기를 설치하여 수수기로 받아진 물이 저수기로 이동되도록 구성되어 있다. 일정 시간 후에 저수기에 있는 물의 양을 측정하여 강우량을 결정한다.

(2) 부표형 자기우량계

수수기에서 저수기로 가지 않고, 부착된 관으로 이동하는데, 그 관 속에 부표를 설치하여 수위에 따라 부표가 물에 떠 올라가며 물의 높이를 전동기에 의해 돌아가는 종이에 시간별로 기록하도록 되어 강수량의 변화를 연속적으로 알 수 있다.

(3) 전도형 자기우량계

우량을 연속적으로 자동 기록하는 관측기계로서 수감부와 기록부(자기전접계수기)로 구성되어 있다. 기록방식은 수감부의 움직임을 전기적 신호로 변환하여 무선 또는 유선으로 전송하여 기록계에 기록된다. 전도용기는 한 쌍(2개)으로 되어 있으며 교대로 전도되면서 직접 스위치를 동작시켜 펄스 신호를 발생시킨다.

수수기를 통해 강수량이 누수기에 들어가면, 누수기 속의 물은 배수관을 통하여 3각형의 전도용기(tipping bucket)에 고이게 되며, 일정량(0.1mm 또는 0.5mm×수수구 면적)이 되면 물의 무게에 의하여 전도용기는 회전축을 중심으로 전도(轉倒)된다. 전도용기에서 발생된 펄스 신호는 기록부 자기력 선의 전달기록계를 동작시켜 원통형 시계축에 부착된 자기기록지에 그래프를 그린다.

(4) 중량형 자기우량계

수수기와 저수기 내부의 물 무게를 측정하여 강우량으로 환산하고, 그 결과를 자기기록지에 표시한다.

(5) TM 우량계

우량계로 측정된 강우량을 전기신호로 변환한 후 유·무선 송신기를 이용하여 관리소에 전송받아 데이터로거에 저장한다. 일반적인 TM 우량계에는 자기기록장치를 같이 연결하여 통신상의 오류에 대해 사후에 보정한다. 원거리에서 연속강우량 측정이 가능한 장점이 있으나 통신망 확보와 장비 설치를 포함한 초기 투자비용이 많이 들어간다.

(6) 기상레이더

전술한 우량계들은 특정 지점의 강우량을 측정하지만 기상레이더는 관측 반경 200km 까지 넓은 면적에 대한 강우량을 동시에 관측한다. 레이더관측은 강우의 공간분포를 손쉽게 파악할 수 있는 장점이 있지만 실제 적용을 위해서는 지상우량계 측정치에 근거한 검정이 필요하다. 레이더에서 방출한 전자파가 대기 중 강우입자에 부딪쳐 반사되는 에너지강도를 측정하여 해석하는데, 강우관측 대상구역과 레이더시설 사이의 대기에 존재하는 수증기, 물방울, 먼지 등에 의한 간섭으로 측정강도에 오차가 발생하므로 복수의 레이더장비로 측정하여 보완한다.

(7) 기상 위성

지구주변 궤도에 설치된 기상위성은 운정부 복사에너지를 감지하여 영상합성 수치화하고 기상상태의 변화를 감지한다. 기상위성은 광범위한 지역에서 강수와 구름의 공간분포와 이동상황, 태풍의 규모와 경로 등을 파악하는 데 이용된다. 기상레이더보다 더 넓은 지역을 관측하는 대신에 해상도는 떨어진다.

3.2.2 강우 관측망

강우 관측소에서 측정된 값은 해당 위치에서의 점강우량(point rainfall)을 의미한다. 유역의 수문해석을 위해서는 유역강우량, 즉 강우의 공간변화를 고려한 면적평균 강우량이 필요하다. 유역을 대표할 수 있는 평균강우량 값을 결정하기 위해서 유역 내에서 강우의 공간변화를 고려하여 우량관측소를 설치하여야 한다. 강우의 공간적 변화의 정도에 따라 강우계측망의 밀도를 결정해야 한다. 비교적 평탄한 지형을 가진 넓은 지역에서 균일한 분포를 가진 층상우에 대해서는 관측망이 조밀하게 설치되지 않아도 되지만, 강우의 공간적인 변화가 심한 산악지역이나 국지성 집중호우와 같은 강우형태를 관측하기 위해서는 조밀한 관측망이 구성되어야 한다. 강우의 공간적인 분포를 고려하여 세계기상기구(WMO)에서 추천하는 강우관측망에 대한 밀도기준은 표 3.1과 같다.

표 3.1 WMO 권장 우량관측소 최소밀도

지형조건	관측소 1개당 면적(km^2)
평탄한 지역	600~900
산악지역	100~250
도서지역	25
극지 및 건조지역	1,500~10,000

우리나라에서 우량관측소를 운영하는 기관은 국토교통부, 한국수자원공사, 기상청, 한국수력원자력(주), 한국농어촌공사, 지자체 등인데 2016 전국유역조사보고서에서 유역면적평균강우량 산정에는 총 690개소(2015년 기준) 자료를 활용하였다. 이때 관측소 1개의 평균대표면적은 144km^2이므로 WMO의 기준에 적합하지만 국지성 호우 등에 대응하려면 추가적인 관측이 필요한 상황이다.

어떤 유역에서 강우 관측소의 설치밀도가 적정한가는 관측소 평균 강우량의 허용 오차와 변동계수를 통해 알 수 있다.

$$N = \left(\frac{C_v}{\epsilon}\right)^2 \tag{3.1a}$$

여기서 N은 대상유역의 직접 관측소 수, ϵ는 평균강우량 평가 시 허용오차(%), C_v는 현존하는 m개 관측소에서 강우량의 변동계수이다. 만일 어떤 유역에 m개 관측소의 강우량 값이 P_1, P_2, $\cdots$, P_i, $\cdots$, P_m이라면 변동계수 C_v는 다음과 같다.

$$C_v = \frac{100 \times \sigma_{m-1}}{\overline{P}} \tag{3.1b}$$

여기서 $\sigma_{m-1} = \sqrt{\dfrac{\sum\limits_{i=1}^{m}(P_i - \overline{P})^2}{m-1}}$ (표본표준편차), P_i는 i번째 관측소 강우량, $\overline{P}$는 유역의 평균강우량이다. 식 (3.1)에 의해 관측소 개수를 계산할 때 보통 $\epsilon = 10\%$를 취한다. ϵ값이 너무 작으면 관측소 개수가 많이 필요하게 된다.

[예제 3.1] 어떤 유역에 강우량을 측정하는 관측소가 6개 설치되어 있다. 관측소의 연평균 강우량이 다음과 같을 때 유역에 관측소가 적절한지 판단하시오. 단, 평균강우량 평가시 허용오차는 10%이다.

관측소	1	2	3	4	5	6
강우량(mm)	826	1029	1803	1103	988	1367

:: 풀이

m＝6개, $\overline{P}$＝1,186mm, σ_{m-1}＝350.4mm, ϵ＝10%

식 (3.1b) $C_v = \dfrac{100 \times 350.4}{1186} = 29.54$

식 (3.1a) $N = \left(\dfrac{29.54}{10}\right)^2 = 8.7$개 이상의 정수

이 유역에 적절한 관측소의 개수는 9개이므로 3개의 관측소가 더 필요하다.

3.3 강수량 자료의 분석

수문해석을 위해서는 관측된 수문자료의 통계분석이 필수적이다. 확보된 자료를 이용하기 위해서 자료의 통계적검증 과정이 필요하다. 예를 들어 관측소의 기기 변경이나 고장, 그리고 이설 등으로 신뢰성에 영향을 줄 수 있는 자료인지를 점검하여야 한다. 본 절에서는 결측 자료 보완, 자료의 일관성 검증 등을 공부한다.

3.3.1 결측자료의 보완

우량관측소에서 관측자의 실수, 혹은 기기의 고장 등에 의해 일정기간 결측이 발생된 경우에 이를 보완하여 사용할 필요가 있다. 결측강우량 보완에 사용되는 일반적인 방법으로 산술평균법, 정상년강수량비율법, 역거리제곱법 등이 있다.

결측된 관측소와 인근 관측소의 연평균 강수량의 상대오차가 10% 미만이면 산술평균

법을 적용해도 되지만, 10% 이상인 경우에는 정상년강수량비율법 등의 가중치를 이용하여 결측 자료를 보완한다. 이 경우에 연평균 강수량의 상대오차를 다음과 같이 구해 사용한다.

$$\left| \frac{N_i - N}{N} \right| \le 10\%$$ (3.2)

여기서 N_i는 인접한 관측소의 정상연평균강수량, N은 결측된 관측소의 정상연평균 강수량이다.

(1) 산술평균법(arismatic mean method)

결측된 관측소와 인근 관측소의 연평균 강수량의 상대오차가 10% 이내인 경우에 인근 관측소의 산술평균을 사용하며 일반적으로 인접한 3개의 관측소를 주로 이용한다.

$$P = \frac{1}{n} \sum_{i=1}^{n} P_i$$ (3.3)

이 방법은 비교적 평탄한 지역에 적합하며 P_i는 기상학적으로 동질성이 있는 주변 관측소의 자료를 이용해야 한다.

(2) 정상년강우량비율법(normal-ratio method)

결측관측소와 주변 관측소에서 연평균강우량과 발생된 강우량의 비율이 동일하다는 가정하에서 인근 관측소의 비율을 이용하여 계산된 결과를 평균하여 산정하는 방법이다. 만일 인근의 3개의 관측소를 이용하는 경우에 다음과 같이 계산한다.

$$P_x = \frac{1}{3} \left[\frac{N_x}{N_1} P_1 + \frac{N_x}{N_2} P_2 + \frac{N_x}{N_3} P_3 \right]$$ (3.4a)

여기서 첨자 x는 결측된 관측소, 첨자 1, 2, 3은 주변 관측소이고 N은 정상연평균강
수량이다. 이 방법은 기상학적으로 동질성이 있는 주변 관측소의 자료를 이용해야 하며
식 (3.4a)에서 보는 바와 같이 결측된 관측소와 주변 관측소 사이에 상당한 상관관계가
있어야 적합하다. 결측관측소 주변에 n개의 동질 관측소가 있는 경우의 일반적인 공식
은 다음과 같다.

$$P_x = \frac{N_x}{n}\left[\frac{P_1}{N_1} + \frac{P_2}{N_2} + \cdots + \frac{P_n}{N_n}\right] \tag{3.4b}$$

[예제 3.2] 우량관측소 D의 우량계가 고장으로 1개월간 운영되지 않았는데 그 기간에
강우가 발생하였다. 이 관측소 주변의 동질성이 있는 A, B, C 관측소에서 측정된 강우량은
각각 8.5, 6.7, 9.0cm이었다. A, B, C, D 관측소의 연평균강우량이 각각 75, 84, 70, 90cm
라 할 때 결측된 D 관측소의 강우량을 보완하시오.

:: 풀이

상대오차를 계산하면,

$$\left|\frac{70 - 90}{90}\right| = 0.22 = 22\% > 10\%$$

10%보다 큰 22%이므로 산술평균법대신 정상년강수량비율법으로 계산한다. 정상년
강수량비율법은 각 관측소의 연평균강수량과 관측된 강우량의 비는 같다고 놓으면 된
다. 식 (3.4)를 바로 이용하여도 된다.

$$\frac{P_D}{90} = \frac{1}{3}\left(\frac{8.5}{75} + \frac{6.7}{84} + \frac{9.0}{70}\right)$$

결측된 관측소 강우량 P_D는

$$P_D = \frac{1}{3}\left[\frac{8.5}{75}\times 90 + \frac{6.7}{84}\times 90 + \frac{9.0}{70}\times 90\right] = 9.65\,\text{cm}$$

(3) 역거리제곱법(inverse distance squared method)

주변 관측소와의 떨어진 거리를 고려하여 결측강우량을 보완하는 방법으로 그림 3.5와 같이 결측된 관측소를 기준으로 동서남북 4방향으로 나누고 각 분위에서 가장 가까운 관측소를 하나씩 선택하여 떨어진 거리에 대한 제곱의 역수를 가중치로 계산하는 방법이다. 즉, 결측 지점과 가까울수록 큰 가중치가 부여된다.

$$P = \sum_{i=1}^{4}\left[\left(\frac{1}{d_i^2}\right)P_i\right] \Big/ \sum_{i=1}^{4}\left(\frac{1}{d_i^2}\right) \tag{3.5}$$

여기서 d_i는 결측관측소와 각 인접관측소 사이의 거리이다.

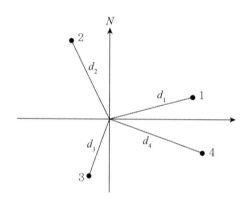

그림 3.5 역거리제곱법

[예제 3.3] [예제 3.2]에서 A, B, C 관측소가 D 관측소를 중심으로 1, 2, 4분면에 각각 12.0, 7.0, 5.5km 떨어져 있을 때 D 관측소의 강우량을 보완하시오.

:: 풀이

식 (3.5)에 의해,

$$P_D = \frac{\dfrac{1}{12.0^2}8.5 + \dfrac{1}{7.0^2}6.7 + \dfrac{1}{5.5^2}9.0}{\dfrac{1}{12.0^2} + \dfrac{1}{7.0^2} + \dfrac{1}{5.5^2}} = 8.17\,\text{cm}$$

(4) 기타 방법

위에서 소개된 3가지 방법 이외에도 등우선법, 회귀분석법 등이 있다. 등우선법은 지도상에 각 관측소의 강우량을 이용하여 등우선도를 작성하여 결정한다. 즉, 등우선을 이용하는 경우에 선형보간방법이 필요하다. 이 방법은 등우선도를 작성하는 데 시간이 많이 걸리고, 등우선을 정확히 작성하기 위해서 많은 관측소가 필요한 단점이 있으나 강우의 공간변화가 심한 산악지형에 효과적으로 적용할 수 있다.

3.3.2 자료의 일관성 검증

수문해석을 위해 사용될 강우자료의 상태가 양호한가를 검증해야 한다. 즉, 사용될 자료가 일관성(consistency)이 있는지를 검토해야 한다. 일관성이 결여되는 이유로는 관측기기의 교체, 관측방법의 변경, 관측소의 이동, 관측원의 변경이나 실수 등과 같은 인위적인 원인과 기후변화, 지형변화 등 자연적인 원인이 있다. 자료의 일관성 검증은 이중누가곡선(mass curve)의 해석에 의해 수행하고 일관성에 문제가 있으면 자료를 보정하여 사용하든지 취사선택하거나 구분해서 사용해야 한다.

검증하고자 하는 지점의 강우자료가 일관성이 있는지의 여부는 해당 지점의 연도별 누가강우량이 일직선인 하나의 기울기를 갖고 있으면 일관성이 있다고 한다. 만일 일관성이 없는 경우에 이 누가곡선은 2개 이상의 기울기를 갖게 되며 일관성이 있는 자료로 보정하기 위해서 기울기를 수정해야 한다.

기울기를 수정하는 방법은 기상학적으로 동질성이 있는 주변관측소(1개 관측소 또는 여러 개 관측소의 평균) 누가강우량의 기울기와 비교하여 결정한다. 가로축에는 주변관측소(1개 또는 여러 개)의 누가강우량을, 세로축에는 검증하고자 하는 관측소의 누가강우량을 그린다. 만일 일관성이 있다면 선형관계인 하나의 직선으로 나타나며 그렇지 않는 경우에는 변화가 뚜렷한 2개 이상의 기울기를 갖는다. 이때 일관성이 있도록 수정해야 한다. 수정하기 위해서는 그 변화 이유를 조사해야 하며 이에 따라서 수정해야 할 부분을 결정한다. 변화 이전과 이후의 중요성 여부를 검토하여 중요한 부분에 맞도록 다른 부분을 수정한다. 수정 방법은 다음 식에 의해 수행한다.

$$P_a = \frac{b_a}{b_0} P_0 \tag{3.6}$$

여기서 P_a는 수정된 강우량, P_0는 일관성이 없는 관측 강우량, b_a는 일관성이 있는 구간의 기울기, b_0는 일관성이 없는 구간의 기울기이다.

[예제 3.4] X 관측소와 이 관측소 주변의 18개 관측소의 연강우량의 평균이 1992년부터 2010년까지 표에 수록되어 있다. X 관측소의 강우량에 대해 일관성 검증을 수행하시오. 그리고 일관성이 부족하여 조정되어야 한다면 그 구간을 결정하고 X 관측소에 대한 1992년부터 2010년까지의 연평균강우량을 결정하시오.

:: 풀이

표 예제 3.4

연도	연강우량(cm)			누가연강우량(cm)	
	X 관측소	18개 관측소 평균강우량	보완된 평균강우량	X 관측소	18개 관측소 평균강우량
1992	30.5	22.8	<u>22.4</u>	30.5	22.8
1993	38.9	35.0	<u>28.5</u>	69.4	57.8
1994	43.7	30.2	<u>32.1</u>	113.1	88.0
1995	32.2	27.4	<u>23.6</u>	1453	115.4
1996	27.4	25.2	<u>20.1</u>	172.7	140.6
1997	32.0	28.2	<u>23.5</u>	204.7	168.8
1998	49.3	36.1		254.0	204.9
1999	28.4	28.4		282.4	233.3

표 예제 3.4(계속)

연도	연강우량(cm)			누가연강우량(cm)	
	X 관측소	18개 관측소 평균강우량	보완된 평균강우량	X 관측소	18개 관측소 평균강우량
2000	24.6	25.1		307.0	258.4
2001	21.8	23.6		328.8	282.0
2002	28.2	33.3		357.0	315.3
2003	17.3	23.4		374.3	338.7
2004	22.3	36.0		396.6	374.7
2005	28.4	31.2		425.0	405.9
2006	24.1	23.1		449.1	429.0
2007	26.9	23.4		476.0	452.4
2008	20.6	23.1		496.6	475.5
2009	29.5	33.2		526.1	508.7
2010	28.4	26.4		554.5	535.1

그림에서 1998년을 전후로 2개의 기울기 발생되었다. 1992~1998년까지의 기울기는 $\frac{254.0}{204.9} = 1.24 = b_0$ 이고, 1998년에서 2010년까지의 기울기는 다음과 같다.

$$\frac{554.5 - 254.0}{535.1 - 204.9} = 0.91 = b_a$$

예제에서 이 관측소의 연평균강우량을 결정하는 문제이므로 최근 강우자료가 신뢰도 측면에서 양호하기 때문에 1992~1997년의 자료를 보완하는 것이 타당하다. 그러므로 이 기간의 자료를 보완하여 연평균강우량을 산정하는 것이 바람직하다고 판단된다.

1992~1997년의 누적강우량을 보완하면 $204.7 \times \frac{0.91}{1.24} = 150.2\text{cm}$ 이고 1998~2010년까지 누적강우량은 $554.5 - 204.7 = 349.8\text{cm}$ 이다. 그러므로 1992~2010년까지의 보완된 누적강우량은 $150.2 + 349.8 = 500.0\text{cm}$ 이다. 즉, 연평균강우량은 500.0/19년=26.3cm 가 된다.

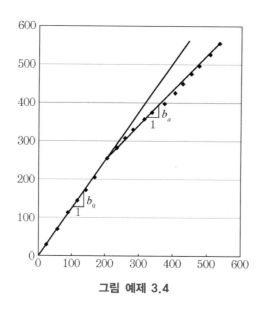

그림 예제 3.4

:: 참고

풀이와 같이 누적강우량을 보완하지 않고 1992~1997년의 연강우량을 각각 보완하여
평균을 산정하여도 된다. 표에서 1992~1997년 자료를 보완하여 밑줄 표시하였고 1992~
2010년에 보완된 강우량 전체의 합은 500.0cm이다.

3.4 평균강우량 산정

관측소의 강우량은 관측지점(point)의 값이며 수문해석에는 대상유역에 해당하는 면
적평균 강우량이 필요하다. 즉, 유출해석에는 대상유역의 면적평균 강우량이 사용되는
데 면적평균 강우량을 산정하는 방법에는 산술평균법(arithmetic average method),
티센다각형법(Thiessen polygon method), 등우선법(isohyetal method) 등이 있다.

3.4.1 산술평균법

대상 유역 내에 있는 관측소들이 기상학적으로 동질성이 있다고 판단되고 비교적 평

탄한 유역에 적용 가능한 방법이며, 관측소별 강우량을 간단히 산술평균하여 면적강우량을 구하는 방법이다. 관측소가 유역 내에 균등하게 분포되어 있어야 하며 관측소 사이의 강우량 차이가 적을 때 유용하다.

$$P_m = \frac{1}{n} \sum_{i=1}^{n} P_i \tag{3.7}$$

여기서 P_m은 유역의 평균강우량이며, P_i는 유역 내에서 각 관측소 강우량이다.

3.4.2 티센다각형법

티센다각형법은 유역 내에서 관측소가 지배하는 면적을 작성한다. 그 면적을 가중치로 부여하며 유역의 평균강우량을 산정하는 방법으로 가중방법이라고도 한다. 유역 내의 관측소뿐만 아니라 유역의 주변관측소도 이용된다. 지배 면적을 작성하기 위해서 지도상에서 각 관측소위치를 직선으로 연결한 삼각형망을 가능한 내각이 90° 이내이고 3변의 길이 차이가 작게 작성한다. 삼각형의 3변에 수직이등분선을 그으면 관측소를 중심으로 새로운 다각형이 형성된다. 각 관측소를 포함하는 다각형 면적이 해당관측소의 지배면적이 되며, 전체면적 중에 차지하는 면적비율을 관측소별 강우량에 대한 가중치로 부여하여 면적평균 강우량을 산정한다. 이때 유역면적과 분할면적 단위를 통일하여 적용한다.

$$P_{av} = W_1 P_1 + W_2 P_2 + \cdots + W_n P_n \tag{3.8}$$

여기서 $W_i = A_i / A$, A_i는 각 관측소의 지배면적, $A = \sum_{i=1}^{n} A_i$는 대상 유역면적이다.

티센법에 의한 평균강우량은 산술평균법보다 정도가 높지만, 산악지형에서 고도에 따른 강우 변화는 고려하지 못하며 관측소의 위치가 변화하면 새롭게 관측망을 구성해야 한다.

3.4.3 등우선법

지형도에서 등고선을 작성하는 것처럼 강우량을 근거로 등우선도를 작성하여 면적평균강우량을 산정하는 방법으로 강우의 변화가 심한 산악지형에 적합하다. 작성된 등우선도를 이용하여 등우선과 등우선 사이의 면적을 전체 면적으로 나누어 가중치로 부여하여 평균강우량을 산정한다. 유역 내에서 등우선도를 작성할 수 있도록 충분한 관측소가 있어야 하며 등우선을 작성하는 데 다소 작성자의 주관에 따라 결정될 수 있다. 또한 등우선 사이의 면적을 결정하는 문제가 번거롭다는 단점이 있다.

$$P_{av} = \frac{A_1 P_{av1} + A_2 P_{av2} + \cdots + A_n P_{avn}}{A_1 + A_2 + \cdots + A_n} = \frac{\sum\limits_{i=1}^{n} A_i P_{avi}}{\sum\limits_{i=1}^{n} A_i} \tag{3.9}$$

여기서 P_{avi}는 인접한 등우선 사이 면적에 대한 평균강우량, A_i는 인접한 등우선 사이의 면적이다.

[예제 3.5] 그림 (a)와 같은 유역 내의 관측소에서 측정된 강우량을 이용하여 이 유역의 면적평균 강우량을 산정하시오.

:: 풀이

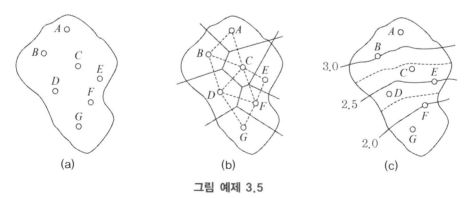

(a)　　　　　(b)　　　　　(c)

그림 예제 3.5

(1) 산술평균법

관측소	강우량 P_i(cm)
A	3.2
B	3.0
C	2.6
D	2.4
E	2.5
F	2.0
G	1.8
합	17.5

$$P_{av} = \frac{17.5}{7} = 2.50\text{cm}$$

(2) 티센다각형법

관측소	강우량 P_i(cm)	면적 A_i(km^2)	$P_i \times A_i$
A	3.2	3.28	10.50
B	3.0	5.26	15.78
C	2.6	4.01	10.43
D	2.4	4.54	10.90
E	2.5	3.16	7.90
F	2.0	3.71	7.42
G	1.8	4.64	8.35
합		28.60	71.28

$$P_{av} = \frac{71.28}{28.60} = 2.49\text{cm}$$

(3) 등우선법 : 등우선(실선)의 중간을 연결한 유역분할선(점선)으로 3개 영역을 구분

강우량 P_i(cm)	면적 A_i(km^2)	$P_i \times A_i$
2.0	11.32	22.64
2.5	8.31	20.78
3.0	8.97	26.91
합	28.60	70.33

$$P_{av} = \frac{70.33}{28.60} = 2.46\text{cm}$$

3.5 강수량 자료 해석

연, 혹은 계절과 같은 특정 기간에 강우는 수차례 발생한다. 강우의 특성으로, (1) 강우강도(단위시간 동안에 내린 강우의 양을 의미하며 단위는 mm/hr, in/hr), (2) 지속기간(강우가 발생하여 종료할 때까지의 기간, min, hr, days), (3) 빈도(어떤 크기의 강우가 발생하는 데 걸리는 시간으로 5, 10, 50, 100년에 평균적으로 한 번 발생), (4) 지역적 범위(areal extent, 강우의 공간적 분포 면적, 예를 들어 우량계가 대표할 수 있는 면적) 등을 의미한다.

강우의 특성을 파악하기 위해 강우 자료 해석이 필요하며 강우 특성과의 상관관계를 파악함으로써 수문해석과 수문설계에 유용하게 이용된다.

3.5.1 강우강도 – 지속기간 – 발생빈도의 관계

빈도(frequency)는 일정 기간 동안에 어떤 크기의 호우가 얼마나 자주 발생하는가를 나타내며 이는 발생확률로 표현할 수 있다. 재현기간은 특정 규모 이상의 호우가 다시 발생하는 데 평균적으로 걸리는 시간을 의미하기 때문에 발생확률(초과확률) P와 재현기간(년) T는 반비례 관계를 가진다.

$$T = \frac{1}{P} \tag{3.10}$$

예를 들어 특정 크기 이상의 호우가 한 해에 발생할 확률이 0.01이라면 이보다 크거나 같은 호우가 발생하는 시간간격의 평균이 100년이다.

일반적으로 발생빈도가 같을 경우에 강우의 지속기간이 길면 강우강도가 작고, 강우의 지속기간이 짧으면 강우강도는 크다. 강우강도는 지속기간이 길어짐에 따라서 지수함수적으로 감소하므로 대수용지에 그리면 직선으로 나타난다. 재현기간별로 강우강도와 지속기간과의 관계식을 강우강도식이라 한다. 대상시설의 설계기준과 지역적인 특성에 따라 결정되는 강우강도식을 이용하여 그 지역의 단지, 주차장, 도로의 암거와 도시지역의 우수관거 등을 설계한다. 수공구조물의 설계와 수자원 계획을 수립할 때 설계강우량을 산정하기 위해서는 강우강도–지속기간–발생빈도(intensity–duration–frequency, IDF) 곡선이 필요하다. 광주지역의 IDF 곡선을 그림 3.6에 제시하였다. 예를 들어 재현기간 100년, 지속시간 120분인 강우강도는 그림에서 51.5mm/hr이므로 지속기간 동안 총강우량은 103.0mm이다.

그림 3.6에서 보는 바와 같이 재현기간을 매개변수로 강우강도와 지속기간의 관계를 나타내는 대표적인 강우강도식은 다음과 같다.

$$I = \frac{b}{t+a} \quad \text{혹은} \quad I = \frac{b}{t+a} + c \ \ (\text{Talbot형}) \tag{3.11a}$$

$$I = \frac{c}{t^n} \quad \text{혹은} \quad I = \frac{c}{(t+b)^n} \quad \text{(Sherman형)} \tag{3.11b}$$

$$I = \frac{d}{\sqrt{t+e}} \quad \text{혹은} \quad I = \frac{d}{\sqrt{t+b}} + c \quad \text{(Japanese형)} \tag{3.11c}$$

$$I = \frac{a}{t^n + b} \quad \text{(일반형)} \tag{3.11d}$$

$$I(T,t) = \left(a + b \times \ln \frac{T}{t^n}\right) \bigg/ \left(c + d \times \frac{\sqrt{T}}{t} + \sqrt{t}\right) \quad \text{(국토부, 2011)} \tag{3.11e}$$

여기서 I는 강우강도(mm/hr), t는 지속시간[식 a)~d)는 min, 식 e)는 hr], a, b, c, d, n은 지역에 따라 결정되는 상수, T는 재현기간(년)이다. 식 (3.11)은 재현기간에 따라 지역별로 강우강도식을 유도할 수 있으며, 그림 3.6은 광주광역시 지역에서 Sherman형으로 결정된 지속시간 1시간 이상 강우강도식의 예이다. 이 곡선의 계수는 회귀분석에 의해 결정되며 그 과정은 수문빈도해석에서 설명한다. 식 (3.11a~d)는 재현기간을 조건변수로 사용하였고 식 (3.11e)는 재현기간을 변수로 포함시켜 유도된 강우강도식이다.

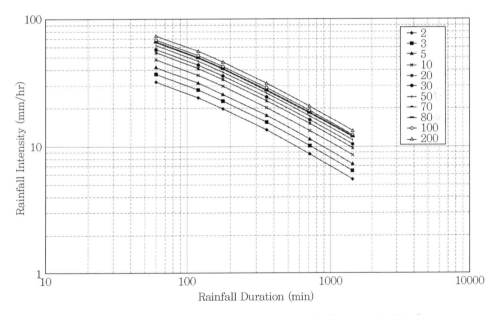

그림 3.6 재현기간별 강우강도와 지속기간의 관계(IDF 곡선, 광주시)

3.5.2 강우의 시간적·공간적 분포

일반적으로 강우의 지속기간이 길면 강도는 작고 지속기간이 짧으면 강우강도가 크게 나타난다. 장마기간의 강우는 장기간의 지속시간을 가지며 강우강도는 작고, 대류형인 소나기의 경우에 지속기간이 짧은 반면에 강우강도가 크다. 그리고 강우는 일반적으로 강우 중심에서 강도가 크고 중심에서 멀어질수록 강도가 작아진다. 이와 같이 강우의 지속기간과 강우강도, 강우면적의 관계는 발생되는 강우마다 다르나 과거의 자료를 통계 처리하여 그 경향을 파악할 수 있다.

일반적으로 강우면적이 커짐에 따라서 평균강우량이 감소되는데 Horton(1924)은 다음 식을 제안하였다.

$$\overline{P} = P_{max} \exp(-kA^n) = P_{max} \exp(-0.01A^{1/2}) \tag{3.12}$$

여기서 $\overline{P}$는 평균강우량, P_{max}는 강우중심에서 최대강우량, A는 유역면적(mi^2)이며 이식의 적용범위는 20~20,000mi^2이다.

[예제 3.6] 다음과 같은 유역강우에 대하여 강우깊이 – 면적의 관계를 구하시오.

:: 풀이

강우깊이 – 면적 관계의 계산

등우선 (mm) ①	누가면적 (km^2) ②	등우선 간 면적(km^2) ③	평균강우량 (mm) ④	구간강우체적 10^3m^3 ⑤=③×④	누가강우체적 10^3m^3 ⑥=∑⑤	면적평균 강우량(mm) ⑦=⑥/②
300	425	425	325	138,125	138,125	325.0
250	743	318	275	87,450	225,575	303.6
200	1201	458	225	103,050	328,625	273.6
150	1557	356	175	62,300	390,925	251.0
100	1670	113	125	14,125	405,050	242.5
<100	1687	17	90	1,530	406,580	241.0

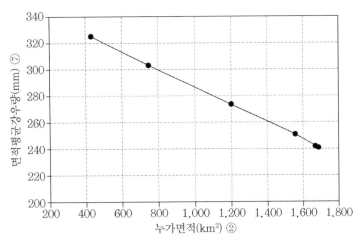

그림 예제 3.6 강우깊이-면적 관계

강우는 공간적인 변화뿐만 아니라 지속기간 동안에 강우강도가 시간에 따라서 다르게 나타난다. 일반적으로 대류형 강우의 경우에 지속기간 초반에 강우강도가 크지만 전선형 강우의 경우에 지속기간 중반 이후에 크게 나타난다.

설계강우의 시간적 분포 양상은 설계지역의 과거 강우자료로부터 강우지속기간 동안에 총강우량이 시간에 따라 어떻게 분포되는가를 통계학적으로 분석하여 그 지역에 적합한 시간분포형을 결정하고, 이를 강우-유출 모형에 적용하여 유출수문곡선을 결정할 수 있다. 여기서는 설계강우의 시간분포를 결정하는 대표적인 방법을 간단히 소개하고 자세한 내용은 하천공학이나 수자원공학에서 다루기로 한다.

Mononobe 방법은 강우의 시간분포를 임의로 배열하는 것으로 일최대강우량을 가지고 Mononobe의 공식에 대입하여 총강우량을 강우시작부터 임의의 t시간까지 누가강우량을 구하여 각 구간의 강우량을 산정한다. 최대강우가 발생하는 위치에 따라 전방집중형, 중앙집중형, 그리고 후방집중형으로 나누고 시간별로 분포시키는 방법이다. 그러나 이 방법은 과거 일강우량 기록만이 존재하고 그보다 짧은 지속기간의 강우량 기록이 확보되지 못하였을 때에 사용하던 방법이며 최근에는 임의 지속기간에 대한 강우량 자료의 확보가 가능하므로 적절한 빈도해석을 통해 IDF 식에 의해 강우량을 구한 후 전방집중형, 중앙집중형, 후방집중형으로 배열하여 시간분포형을 결정한다.

Keifer and Chu 분포법(일명 Chicago 방법)은 Keifer and Chu(1957)에 의해 처음

시도되었으며, IDF의 평균강우강도와 지속기간의 관계식을 이용하여 시간구간별 강우강도를 구하는 방법이다. 이 방법에서 관측강우량의 시간적 분포형으로 추정되어야 할 것은 첨두우량의 발생 시간이다. 이 시간을 추정하기 위해서는 IDF 곡선을 작성할 때 사용된 자료를 이용한다.

Huff의 4분위법(Huff, 1967)은 미국 일리노이주의 강우기록을 통계학적으로 분석하여 강우량의 시간적분포를 나타내는 무차원시간분포곡선을 제시한 것이다. 이는 강우의 누가곡선을 이용하여 전체 지속기간을 4등분하였을 때 구분된 각 구간 최대강우강도가 어느 부분에서 나타나는지 조사하였다. 즉, 강우지속기간을 4등분하였을 때 최대강우강도가 강우초기인 처음 1/4구간에 있으면 제1분위호우(First-quartile storm), 다음 2/4구간에 있으면 제2분위호우(Second-quartile storm), 다음 3/4구간에 있으면 제3분위호우(Third-quartile storm), 마지막 4/4구간에 있으면 제4분위호우(Fourth-quartile storm)로 구분하였다. Huff의 4분위법은 지속시간을 나타낸 수평축에 최대강우강도가 발생한 위치를 4개 분위로 구분한다. 각 분위마다 해당지점의 관측자료로부터 회귀분석을 통하여 적정분포곡선을 산정하고 이에 따라 설계강우량을 분포시키는 방법이기 때문에 해당지점의 강우특성을 고려할 수 있다는 장점이 있다. 이 방법은 개념상 비교적 단순하면서도 물리적인 의미를 가지고 있다. 이 외에도 Yen and Chow 분포법, Filgrim and Cordery 분포법 등이 있다.

Corn(1955)은 미국 중부유역에 대해 전체강우량 백분율과 강우 지속기간의 백분율과의 관계를 다음과 같이 제시하였다(그림 3.7 참조).

$$Y = 3.25 X^{0.831} \quad 0 < X < 38\% \tag{3.13a}$$

$$Y = 14.90 X^{0.413} \quad 38 < X < 100\% \tag{3.13b}$$

여기서 X는 강우지속기간에 대한 백분율(%), Y는 전체강우량에 대한 백분율(%)이다.

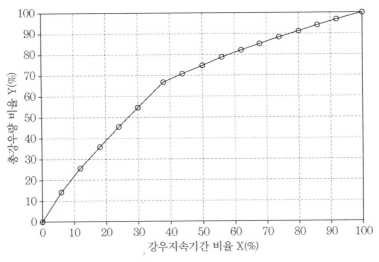

그림 3.7 강우지속기간 비율에 따른 총강우량의 비율(미국 중부)

3.5.3 강우량 – 면적 – 지속기간(D–A–D) 해석

D–A–D 해석은 강우의 공간정보뿐만 아니라 시간정보도 제공해준다. 강우량, 면적, 지속기간 사이의 관계는 유역면적의 크기에 따라서 여러 가지 지속기간을 갖는 최대강우량을 산정하는 데 유용하다. 즉, 여러 가지 지속기간을 갖는 강우가 발생할 때 예상되는 지속기간별 최대강우를 유역별로 결정해놓으면 편리하다. 이들 사이의 분석을 통해서 얻어진 D–A–D 곡선은 우수거, 고속도로 배수구 등을 설계하는 데 유용하다.

D–A–D 곡선을 얻기 위한 절차는 다음과 같다.

(1) 대상유역의 강우관측소에서 관측된 강우 기록에서 지속시간별 최대강우량을 선택하고 누가강우량을 계산한다.

(2) 티센다각형과 등우선도를 작성하고 등우선 내의 면적을 구한다.

(3) 티센다각형을 참고하여 등우선 구간에 대한 평균누가강우량곡선을 작성한다.

(4) 가장 큰 등우선 면적부터 등우선 면적을 합해가면서 면적 증가에 따른 평균누가우량곡선을 구한다.

(5) 면적별 평균누가우량곡선으로부터 지속시간에 따른 최대강우량을 구한다.

(6) 지속시간에 따라서 반대수지용지의 세로축에 최대평균강우량, 가로축에 누가면적을 표시하면 일련의 D-A-D 곡선을 얻을 수 있다.

[예제 3.7] 어떤 유역에 30분간 계속된 집중호우에서 5분 간격 강우량이 다음과 같다. 강우자료로부터 지속기간별(5분 간격) 최대강우량과 최대강우강도를 구하시오.

시간(min)	5	10	15	20	25	30
강우량(mm)	2.0	4.0	6.0	4.0	8.0	6.0

:: 풀이

지속시간(min)	5	10	15	20	25	30	40
최대강우량(mm)	8.0	14.0	18.0	24.0	28.0	30.0	30.0
최대강우강도(mm/hr)	96.0	84.0	72.0	72.0	67.0	60.0	45.0

[예제 3.8] 유역 내부와 주변의 11개 관측소에서 24시간 동안(2시간 간격) 측정된 강우량이다. 이 자료를 이용하여 D-A-D 곡선을 작성하시오.

표 예제 3.8 관측소별 강우량(mm)

관측소 \ 시간	2	4	6	8	10	12	14	16	18	20	22	24
1	67	51	80	25	22	19	18	16	14	14	13	14
2	65	50	78	24	21	19	16	16	14	14	13	13
3	55	43	66	21	18	16	15	13	12	12	11	11
4	63	49	75	24	20	18	17	15	14	13	12	12
5	47	37	56	18	15	14	12	11	11	9	10	10
6	45	35	54	17	14	13	12	11	10	9	9	8
7	41	32	49	15	14	11	11	10	9	9	8	8
8	35	27	41	13	11	10	9	9	7	7	7	7
9	33	26	40	13	10	10	9	8	7	7	7	7
10	33	26	41	12	11	10	9	8	7	7	7	7
11	35	27	43	13	11	11	9	8	8	7	7	8

:: 풀이

(1) 관측소별 누가강우량(mm)

관측소 \ 시간	2	4	6	8	10	12	14	16	18	20	22	24
1	67	118	198	223	245	264	282	298	312	326	339	353
2	65	115	193	217	238	257	273	289	303	317	330	343
3	55	98	164	185	203	219	234	247	259	271	282	293
4	63	112	187	211	231	249	266	281	295	308	320	332
5	47	84	140	158	173	187	199	210	221	230	240	250
6	45	80	134	151	165	178	190	201	211	220	229	237
7	41	73	122	137	151	162	173	183	192	201	209	217
8	35	62	103	116	127	137	146	155	162	169	176	183
9	33	59	99	112	122	132	141	149	156	163	170	177
10	33	59	100	112	123	133	142	150	157	164	171	178
11	35	62	105	118	129	140	149	157	165	172	179	187

(2) 티센 다각형을 참고하여 등우선 내의 평균누가강우량을 구한다.

$$P_A = P_{11}$$

$$P_B = 0.7P_{11} + 0.15P_{10} + 0.15P_9$$

$$P_c = 0.6P_9 + 0.15P_8 + 0.15P_{10} + 0.1P_7$$

$$P_D = 0.5P_6 + 0.3P_7 + 0.2P_5$$

$$P_E = 0.6P_3 + 0.3P_6 + 0.1P_4$$

$$P_F = 0.2P_2 + 0.4P_3 + 0.2P_4 + 0.2P_1$$

지역 \ 시간	2	4	6	8	10	12	14	16	18	20	22	24
A	35.0	62.0	105.0	118.0	129.0	140.0	149.0	157.0	165.0	172.0	179.0	187.0
B	34.4	61.1	103.4	116.2	127.1	137.8	146.8	154.8	162.5	169.5	176.5	184.2
C	34.1	60.9	102.1	115.1	125.8	135.9	145.1	153.5	160.7	167.9	175.0	182.1
D	44.2	78.7	131.6	148.2	162.4	175.0	186.7	197.4	207.3	216.3	225.2	233.6
E	52.8	94.0	157.3	177.4	194.4	209.7	224.0	236.6	248.2	259.4	269.9	280.1
F	57.8	102.6	171.8	193.6	212.4	229.2	244.4	258.2	270.8	283.0	294.6	306.4

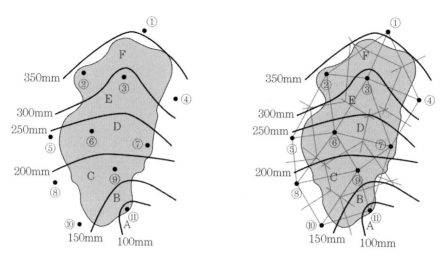

그림 예제 3.8.1 등우선 구간별 티센 다각형 작성

(3) 등우선 내에 포함된 유역의 평균누가강우량을 구한다. 계산할 때 등우선이 높은 곳에서 낮은 곳으로 하며 평균누가강우량은 누가 면적비에 의한다.

구분	누가면적(km^2)
등우선 300mm 이상	43
250mm 이상	75
200mm 이상	121
150mm 이상	157
100mm 이상	169
100mm 미만	170

등우선 300(면적 43km^2)

$$P_{300} = P_F$$

등우선 250(면적 75km^2)

$$P_{250} = \frac{32P_E + 43P_F}{75}$$

등우선 200(면적 121km^2)

$$P_{200} = \frac{46P_D + 32P_E + 43P_F}{121}$$

등우선 150(면적 157km^2)

$$P_{150} = \frac{36P_C + 46P_D + 32P_E + 43P_F}{157}$$

등우선 100(면적 169km^2)

$$P_{100} = \frac{12P_B + 36P_C + 46P_D + 32P_E + 43P_F}{169}$$

등우선 <100(면적 170km^2)

$$P_{<100} = \frac{P_A + 12P_B + 36P_C + 46P_D + 32P_E + 43P_F}{170}$$

지속시간 구분	2	4	6	8	10	12	14	16	18	20	22	24
등우선 300	57.8	102.6	171.8	193.6	212.4	229.2	244.4	258.2	270.8	283.0	294.6	306.4
250	55.7	98.9	165.6	186.7	204.7	220.9	235.7	249.0	261.2	272.9	284.1	295.2
200	51.3	91.2	152.7	172.1	188.6	203.4	217.1	229.4	240.7	251.4	261.7	271.8
150	47.4	84.3	141.1	159.0	174.2	188.0	200.6	212.0	222.3	232.2	241.8	251.2
100	46.4	82.6	138.4	156.0	170.9	184.4	196.7	207.9	218.1	227.8	237.2	246.4
<100	46.7	83.0	139.0	156.7	171.6	185.2	197.6	208.8	219.1	228.8	238.2	247.5

(4) 계산된 각 등우선별로 지속시간 2, 4, 6, … 시간의 최대강우량을 찾는다.

지속시간 구분	2	4	6	8	10	12	14	16	18	20	22	24
등우선 300	69.2	114.0	135.8	154.6	171.4	186.6	200.4	213	225.2	236.8	248.6	306.4
250	66.7	109.9	131.0	149.1	165.2	180.0	193.3	205.5	217.3	228.4	239.5	295.2
200	61.4	101.4	120.7	137.3	152.1	165.8	178.1	189.4	200.1	210.4	220.5	271.8
150	56.8	93.7	111.6	126.9	140.6	153.2	164.6	175.0	184.9	194.4	203.8	251.2
100	55.8	92.0	109.5	124.4	137.9	150.3	161.5	171.6	181.3	190.7	200.0	246.4
<100	56.0	92.4	110.0	125.0	138.6	151.0	162.2	172.4	182.2	191.6	200.9	247.5

(5) 계산된 지속기간별 최대강우량과 각 등우선에 해당하는 면적을 도시하여 D-A-D 곡선을 작성한다.

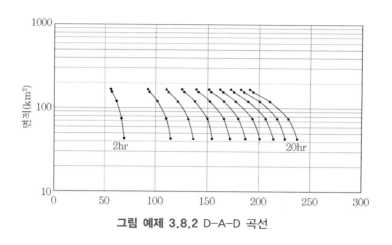

그림 예제 3.8.2 D-A-D 곡선

3.6 가능최대강수량(PMP)

가능최대강수량(Probable Maximum Precipitation, PMP)은 최악의 기상조건하에서 해당유역에서 발생 가능한 최대강수량을 의미한다. 즉, 이 유역에서 가능최대강수량보다 큰 강수는 발생하지 않는다는 것으로 특별한 수공구조물이나 댐과 같은 대규모 수공구조물의 설계에 적용된다. 댐과 같은 대규모 수공구조물의 파괴로 인해 사회·경제적 피해가 심각한 경우에는 가능최대강수량과 그 유역에 최악의 유출조건이 발생되어 나타날 수 있는 가능최대홍수량(probable maximum flood, PMF)을 초과하지 않도록 설계홍수량을 결정한다. 가능최대강수량은 실현가능성이 작은 가상적인 강우로 산정방법을 약술하면 다음과 같다.

(1) 과거의 자료에 의해서 추정하는 방법으로 가장 극심했던 강우량의 포락선(envelop curve)을 작성하여 가능최대강수량을 결정하는 포락선방법

(2) 우량관측소에서 일강우량을 이용하여 빈도개념을 적용하여 가능최대강수량을 산정하는 통계적인 방법

(3) 이슬점, 기온, 바람, 기압 등과 같은 기상자료를 이용하여 대기 중의 수분량을 추정하고 이 수분양이 전부 강우로 변하여 가능최대강수량이 될 수 있는 기상학적 방법

3.7 평년강수량과 월강수량

　기후특성을 나타내는 평년강수량은 최근 30년간 평균 연강수량을 의미하며, 매10년마다 강우관측지점별로 갱신하므로 2018년 현재 평년강수량은 1981년부터 2010년까지 30년간 평균을 사용한다. 우리나라는 강수량의 계절적 편차가 심하기 때문에 하천에서 최소유량과 최대유량의 변화가 커서 수자원 관리에 어려움을 겪고 있다. 5대강 유역별 대표지점의 평년 월강수량과 2013년 월강수량을 그림 3.8에 나타냈다.

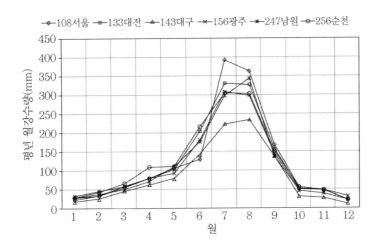

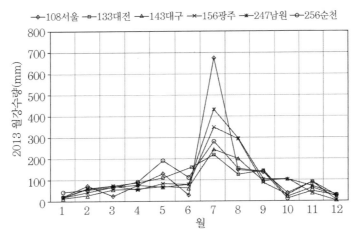

그림 3.8 5대강유역 대표지점의 평년 및 2013 월강수량(기상청, 2014)
(순천256[주암]은 2012년 7월 2일부터 관측 중단, 순천174[승주]로 위치 변경)

그림에서 보는 바와 같이 평년보다 특정년도의 월별편차가 더 심하다는 것을 알 수 있다. 우리나라에서는 홍수기인 6~9월에 장마와 태풍의 영향으로 연강수량의 2/3가 집중되어 발생되고 있으며 11월부터 다음 해의 4월까지는 연강수량의 1/5인 정도의 강수량이 발생되어 연중 고르지 못한 강수량과 지역별 편차를 갖기 때문에 이수와 치수 양면에서 수자원 관리가 필요하다. 또한 연차적으로 홍수와 가뭄이 반복되어 발생되는 점도 수자원 관리에 더 많은 노력이 필요한 이유이고, 이러한 수자원 관리기술의 기초를 이루는 학문이 수문학이다. 그림 3.8의 대표지점의 평년강수량을 표 3.2에 제시하였다.

표 3.2 5대강 유역 대표지점 평년(1981~2010) 월강수량

(mm)

월	108서울	133대전	143대구	156광주	247남원	256순천
1	20.8	29.6	20.6	37.1	31.2	32.4
2	25.0	34.2	28.2	47.9	41.0	43.7
3	47.2	55.6	47.1	60.8	52.5	66.4
4	64.5	81.7	62.9	80.7	71.5	111.3
5	105.9	103.7	80.0	96.6	111.0	115.1
6	133.2	206.3	142.6	181.5	176.7	217.2
7	394.7	333.9	224.0	308.9	298.9	303.5
8	364.2	329.5	235.9	297.8	346.1	304.8
9	169.3	169.7	143.5	150.5	137.0	156.4
10	51.8	47.4	33.8	46.8	46.3	59.0
11	52.5	41.1	30.5	48.8	42.8	51.0
12	21.5	25.9	15.3	33.5	25.4	26.7
평년	1,450.6	1,458.6	1,064.4	1,390.9	1,380.4	1,487.5

3.1 n개의 관측소 자료에서 면적강우량을 산정할 때 임의의 i 관측소 강우량에 대한 가중치 w_i를 식으로 표현(3가지 방법)하시오.

* 풀이

a) 산술평균법 : $w_i = \dfrac{1}{n}$

b) 티센다각형법 : $w_i = \dfrac{A_i}{\displaystyle\sum_1^n A_i} = \dfrac{A_i}{A}$, $A_i : i$ 우량국 관할면적, n : 우량국수

c) 등우선법 : $w_i = \dfrac{A_i}{\displaystyle\sum_1^m A_i} = \dfrac{A_i}{A}$, $A_i : i$ 등우선 구간면적, m : 등우선 구간 수

3.2 우량국 5개를 가진 유역에서 지점별 연강수량의 평균이 720mm, 분산이 324cm^{2}이다. 허용오차가 10%일 때 이 유역에 필요한 최적 우량국 지점수를 구하시오.

* 풀이

$$C_v = \frac{S}{\overline{R}} \times 100 = \frac{(324)^{\frac{1}{2}}}{72.0} \times 100 = 25\% , \text{ 허용오차 } E_p = 10\%$$

$$N = \left(\frac{C_v}{E_p}\right)^2 = \left(\frac{25}{10}\right)^2 = 6.25 < 7\text{개 : 면적 평균강우량 산정에 필요한 최적우량국수}$$

3.3 다음 표는 광주지역의 지속시간별 확률강우량이다. 식 (3.11)에 제시된 강우강도식의 각 계수를 회귀분석에 의해 결정하고 광주지역에 적합한 강우강도식을 제시하시오.

지속시간 재현기간	10분	1시간	2시간	3시간	6시간	12시간	24시간	48시간
20	23.5	67.7	98.5	116.7	156.5	199.8	254.1	305.5
30	24.8	71.9	104.9	125.0	168.2	216.3	276.4	333.4
50	26.4	77.1	112.7	135.5	183.0	237.6	305.7	370.0
80	27.8	81.7	119.8	145.1	196.9	258.0	334.0	405.5
100	28.5	83.9	123.1	149.7	203.3	268.0	347.9	422.9
150	29.7	87.8	129.1	158.0	215.4	286.5	374.0	455.7
200	30.6	90.5	133.3	163.8	224.0	300.0	393.1	479.8

3.4 관측소 X의 결측 강우량을 인접관측소 A, B, C의 자료를 이용하여 3가지 방법으로 구하고 최적결과를 선택하시오.

관측소	관측강우량(mm)	정상연평균(mm)	X 관측소와 거리(km)
A	30.	900.	3.0
B	40.	1200.	6.0
C	20.	1100.	4.0
X	-	1000.	0.0

* 풀이

1) 산술평균법

$$\overline{R_X} = \frac{1}{n}\sum_1^n R_i = \frac{1}{3}(30+40+20) = 30\text{mm}$$

2) 정상연강우량비율법

$$R_X = \frac{1}{n}N_x\sum_1^n \frac{R_i}{N_i} = \frac{1}{3}\times 1000 \times \left(\frac{30}{900}+\frac{40}{1200}+\frac{20}{1100}\right) = 28.3\text{mm}$$

3) 역거리제곱법

$$R_X = \sum_1^n (R_i/d_i^2)/\sum_1^n (1/d_i^2) = (30/3^2 + 40/5^2 + 20/4^2)/\left(\frac{1}{3^2}+\frac{1}{5^2}+\frac{1}{4^2}\right) = 29.0\text{mm}$$

4) 최적결과

$$\text{최대상대오차} = \frac{R_{\text{max,min}} - R_x}{R_x} \times 100\%$$

$$Emax = \frac{1200-1000}{1000} \times 100 = 20\% > 10\%\ \text{이므로 2), 3)의 결과가 적합함}$$

3.5 호우기간동안에 D 관측소 지점에서 계기 고장으로 강우량이 결측되었다. 주변 A, B, C 관측소에서 강수량 123, 148, 119mm가 관측되었다. A, B, C, D 관측지점에 대한 정상연평균강수량이 각각 1,510, 1,680, 1,375, 1,290mm이었다. 각 관측소의 좌표는 (6, 4), (8, −6), (−4, 4), (0, 0)이었다. (1) 산술평균법, (2) 정상연강수량비율법, (3) 역거리법에 의해 결측치를 보완하시오.

3.6 DAD 해석결과가 그림과 같은 지역에서 유역면적 500km², 지속기간 8시간에 대한 최대평균강우강도를 구하시오.

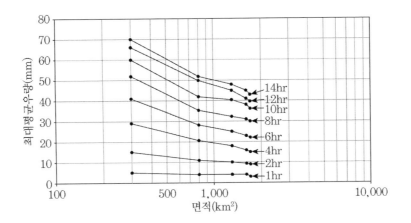

* 풀이

$A = 500\text{km}^2$, $8\text{hr} \Rightarrow 43\text{mm}/8\text{hr}$, 최대평균강우강도 $I_{\max} = R_{\max}/T = 43/8 = 5.38\text{mm/hr}$

3.7 어떤 유역 내외의 7개 지점의 강수량 자료가 다음과 같이 측정되었다. 유역면적은 279km²이다. 이 유역에 대한 DAD 곡선을 작성하시오. 단 각 소구역 면적은,

I = 41.5km² (B = 10.5km², C = 5.7km², D = 25.3km²)

II = 64.0km² (A = 3.7km², B = 28.3km², D = 2.0km², E = 30.0km²)

III = 101.5km² (A = 64.0km², B = 2.0km², E = 18.5km², F = 17.0km²)

IV = 52.5km² (A = 20.2km², F = 27.5km², G = 4.8km²)

V = 19.5km² (F = 3.7km², G = 15.8km²)

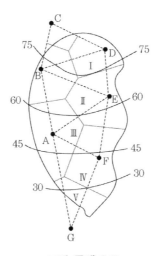

그림 문제 3.7

7개 관측소 24시간 누가강우량

시간 (hr)	관측소별 누가강우량(mm)						
	A	B	C	D	E	F	G
4	0	0	0	0	0	0	0
6	12	0	0	0	0	0	0
8	18	15	0	0	0	6	0
10	27	24	0	0	9	15	6
12	36	36	18	6	24	24	9
14	42	45	36	18	36	33	15
16	51	51	51	36	42	36	18
18	51	63	66	51	60	39	18
20	51	72	87	66	66	42	18
22	51	72	96	81	66	42	18
24	51	72	96	81	66	42	18

3.8 다음 그림과 같이 강우관측소가 설치된 유역에 대한 Thiessen 다각형을 작도하고, 유역 평균강우량을 산술평균법과 Thiessen 평균법으로 각각 산출하여 비교하시오.

($R_1 = 70$mm, $R_2 = 90$mm, $R_3 = 80$mm, $R_4 = 70$mm, $R_5 = 60$mm)

* 풀이

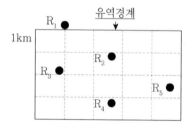 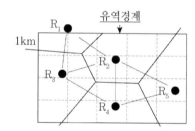

$A = 20\text{km}^2$, $\sum_1^5 A_i = 1.6 + 4.6 + 5.6 + 4.0 + 4.2 = 20$,

$A_1 = 1.6$, $A_2 = 4.6$, $A_3 = 5.6$, $A_4 = 4.0$, $A_5 = 4.2$

Thiessen $\overline{R} = \dfrac{\sum R_i A_i}{A} = \dfrac{70 \times 1.6 + 90 \times 4.6 + 80 \times 5.6 + 70 \times 4.0 + 60 \times 4.2}{20.0} = 75.3$mm

산술평균 $\overline{R} = (70 + 90 + 80 + 70 + 60)/5 = 74.0$mm $= (90 + 80 + 70 + 60)/4 = 75.0$mm

3.9 그림과 같은 유역 내외의 관측소에서 강우량이 표와 같이 측정되었다.

(1) 산술평균법, (2) 티센다각형법, (3) 등우선법에 의해 평균강우량을 산정하시오.

관측소	강우량(mm)	다각형 면적(km^2)
A	21	73.5
B	31	47.5
C	52	64.0
D	38	62.0
E	54	74.0
F	33	68.5
G	45	121.0

등우선(mm)	구간누가면적(km^2)	구간면적(km^2)
<20	0.0	
		12.5
20	12.5	
		82.0
30	94.5	
		110.0
40	204.5	
		255.5
50	460.0	
		50.5
>50	510.5	

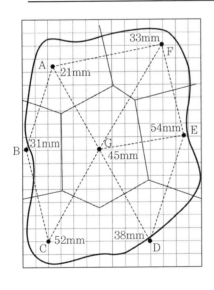

그림 문제 3.9.1 티센다각형

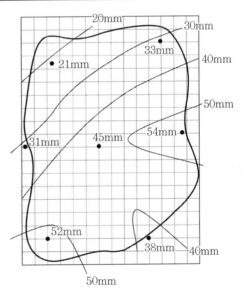

그림 문제 3.9.2 등우선도

3.10 X 관측소와 이 관측소 주변 10개 관측소의 1977년부터 1996년까지 연강우량 평균이 표에 수록되어 있다. X 관측소의 강우량에 대해 일관성 검증을 수행하시오. 그리고 일관성이 부족하여 조정되어야 한다면 그 구간을 결정하고 강우량 자료를 수정하고 수정 전과 수정 후의 연평균강우량을 비교하시오.

연도	연강우량(mm)	
	X 관측소	10개 관측소 평균강우량
1977	1580	1260
1978	1420	1270
1979	1740	1410
1980	1480	1350
1981	1760	1320
1982	1240	970
1983	1400	1080
1984	1760	1730
1985	1210	1360
1986	1380	1440
1987	1250	1350
1988	1120	1230
1989	750	950
1990	1280	1150
1991	1220	1430
1992	1200	1150
1993	1100	1230
1994	1170	1100
1995	1100	1260
1996	1430	1410

3.11 어떤 지점에서 10분 간격 누가강우량이 다음과 같이 관측되었다. 10분 단위의 강우강도를 구하고 우량주상도를 작성하시오.

시각	6:00	6:10	6:20	6:30	6:40	6:50
누가강우량(mm)	0.0	8.3	12.8	25.6	33.4	45.6
시각	7:00	7:10	7:20	7:30	7:40	7:50
누가강우량(mm)	55.3	67.8	90.3	99.5	120.1	120.1

3.12 문제 3.11의 자료를 이용하여 지속시간 10, 20, 30, 60분에 대한 최대강우강도와 최대강우량을 구하시오.

3.13 다음의 강수에 관한 설명 중 옳지 않은 것은?

가. 강수는 구름이 응축되어 지상으로 강하하는 모든 형태의 수분을 총칭한다.

나. 일우량(24hr 우량)이 0.1mm 이하일 경우에는 무강우로 취급한다.

다. 누가우량곡선은 자기우량계에 의해 측정된 누가강우의 시간적 변화 곡선이다.

라. 이중누가우량 분석법은 강수량 자료의 결측치를 보완하는 방법이다.

정답_라

3.14 강우와 강우해석에 대한 설명으로 옳지 않은 것은?

가. 강우강도의 단위는 mm/hr이다.

나. DAD 해석은 지속기간별, 면적별 최대강우량을 구하는 방법이다.

다. 정상 연강수 비율법(normal ratio method)은 면적평균 강수량을 구하는 방법이다.

라. 대류형 강우는 주위보다 더운 공기의 상승으로 일어난다.

정답_다

3.15 강우강도에 대한 설명 중 옳지 않은 것은?

가. 강우깊이(mm)가 일정할 때 강우지속시간이 길면 강우강도는 커진다.

나. 강우강도와 지속시간의 관계는 Talbot, Sherman, Japanese형 등의 경험공식에 의해 표현된다.

다. 강우강도식은 지역에 따라 다르며, 자기우량계의 우량 자료로부터 그 지역의 특성 상수를 결정한다.

라. 강우강도식은 댐, 우수관거 등의 수공구조물의 중요도에 따라 설계 재현기간이 다르다.

정답_가

3.16 티셴(Thiessen) 면적 평균강우량(R) 산정식으로 옳은 것은?

단, A_i : i 관측소 면적, R_i : i 관측소 강우량

가. $R = \dfrac{\sum\limits_{i=1}^{n} A_i R_i}{\sum\limits_{i=1}^{n} A_i}$, 나. $R = \dfrac{\sum\limits_{i=1}^{n} A_i \sum\limits_{i=1}^{n} R_i}{\sum\limits_{i=1}^{n} A_i}$, 다. $R = \dfrac{\sum\limits_{i=1}^{n} A_i \sum\limits_{i=1}^{n} R_i^2}{\sum\limits_{i=1}^{n} A_i}$, 라. $R = \dfrac{1}{n}\sum\limits_{i=1}^{n} R_i$

정답_가

3.17 유역의 평균 강우량 산정방법이 아닌 것은?

가. 산술평균법

나. 등우선법

다. Thiessen 가중법

라. 기하평균법

정답_라

3.18 그림과 같은 유역(12×8km)의 평균강우량을 티센방법으로 구한 값은? 단, 1, 2, 3, 4번 관측점의 강우량은 각각 140, 130, 110, 100mm이며, 작은 사각형은 2×2km의 정사각형으로서 모두 크기가 동일하다.

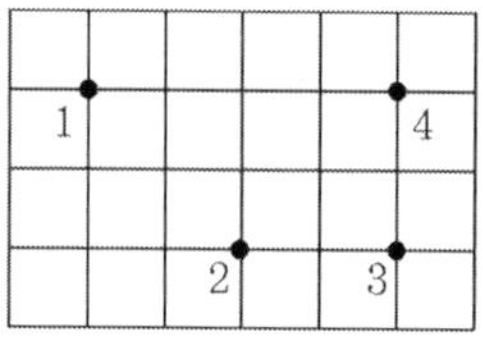

가. 120mm

나. 123mm

다. 125mm

라. 130mm

정답_나

3.19 표와 같이 40분간 집중호우가 계속되었다면 지속기간 20분 최대강우강도는?

시간(분)	우량(mm)	시간(분)	우량(mm)
0~5	1	20~25	8
5~10	4	25~30	7
10~15	2	30~35	3
15~20	5	35~40	2

가. $I = 49$mm/hr

나. $I = 59$mm/hr

다. $I = 69$mm/hr

라. $I = 72$mm/hr

정답_다

3.20 DAD(Depth-Area-Duration) 해석에 관한 설명 중 옳은 것은?

가. 최대 평균 우량 깊이, 유역면적, 강우강도와의 관계를 수립하는 작업이다.

나. 유역면적을 대수축(logarithmic scale)에 최대평균강우량을 산술축(arithmetic scale)에 표시한다.

다. DAD 해석 시 상대습도 자료가 필요하다.

라. 유역면적과 증발산량과의 관계를 알 수 있다.

정답_나

3.21 강수량 자료를 해석하기 위한 DAD 해석 시에 필요한 자료는?

가. 강우량, 단면적, 최대수심

나. 적설량, 분포 면적, 적설 일수

다. 강우량, 집수 면적, 강우 기간

라. 수심, 유속 단면적, 홍수 기간

정답_다

3.22 강우깊이－유역면적－지속시간(Depth-Area-Duration, DAD) 관계곡선에 대한 설명으로 옳지 않은 것은?

가. DAD 곡선 작성 시 대상유역의 지속시간별 강우량이 필요하다.

나. 최대평균우량은 지속시간에 비례한다.

다. 최대평균우량은 유역면적에 반비례한다.

라. 최대평균우량은 재현기간에 반비례한다.

정답_라

3.23 다음 중 누가우량곡선(rainfall mass curve)의 특성으로 옳은 것은?

가. 누가우량곡선은 자기우량기록에 의하여 작성하는 것보다 보통우량계의 기록에 의하여 작성하는 것이 더 정확하다.

나. 누가우량곡선으로부터 일정기간 내의 강우량을 산출하는 것은 불가능하다.

다. 누가우량곡선의 경사는 지역에 관계없이 일정하다.

라. 누가우량곡선의 경사가 클수록 강우강도가 크다.

정답_라

3.24 강우자료의 변화요소가 발생하여 전반적인 자료의 일관성이 없어진 경우, 과거의 기록치를 보정하기 위한 방법은?

가. 정상년강수량비율법

나. DAD 분석

다. Thiessen의 가중법

라. 이중누가우량곡선

정답_라

3.25 IDF 곡선의 강우강도와 지속기간의 관계에서 Talbot형으로 표시된 식은? 단, I는 강우강도, t는 지속기간, T는 생기빈도이고 a, b, c, d, e, n, k, x는 지역에 따라 다른 값을 갖는 상수이다.

가. $I = \dfrac{c}{t^n}$ 　　나. $I = \dfrac{kT^x}{t^n}$ 　　다. $I = \dfrac{d}{\sqrt{t+e}}$ 　　라. $I = \dfrac{a}{t+b}$

정답_라

04
—

증발과 증산

CHPATER
04 · 증발과 증산

지구의 표면에 낙하된 강수의 70%는 증발과 증산에 의해 대기 중으로 환원되는 것으로 알려져 있다. 증발은 수표면, 포화되었거나 비포화된 토양 속의 공극으로부터 발생된다. 잠재증발(potential evaporation)은 증발표면에 물이 계속 공급될 때 발생될 수 있는 증발을 의미한다. 식물을 통하여 식물의 잎 표면에서 대기 중으로 증발되기도 하는데 이를 증산(transpiration)이라 한다. 수면과 토양의 표면에서 증발과 식물 잎에서 증산을 합하여 증발산(evaportranspiration)이라 한다. 증발과정에 대한 이해는 댐이나 저수지에서 증발에 의한 손실을 예측하는 데 유용하다. 연강수량이 적은 지역에서 증발산량은 유역의 물수지에 큰 영향을 주며 수위의 하강에 영향을 준다. 본 장에서는 증발산의 기본원리와 산정방법에 대해 기술한다.

4.1 증발량의 산정

증발현상은 공기가 포함된 수증기량이 해당기온에서의 포화증기압에 도달할 때까지 계속되며 증발에 영향을 주는 요소로서는 태양복사열, 증기압, 바람, 대기압, 물의 종류, 습도 등이다. 증발과정은 비교적 단순하지만 증발량에 영향을 주는 요소가 여러 가지이므로 그 산정은 단순하지 않다. 정확한 증발량을 산정하기 위해 영향을 주는 많은

요소의 자료 획득에 노력이 필요하다. 대기와 접하고 있는 자유수면으로부터 증발량을
산정하는 방법은, (1) 공기동력학법칙에 의한 방법, (2) 에너지수지에 의한 방법, (3)
물수지에 의한 방법, (4) Pennman 방법, (5) 관측에 의한 방법 등이 있다.

4.1.1 공기동력학법칙에 의한 방법

자유수면으로부터 물분자의 이동은 연직방향에 대한 증기압의 경사에 비례한다는
Dalton 법칙으로 나타낼 수 있다.

$$E = a(e_s - e)$$
(4.1)

여기서 E는 자유수면으로부터 증발량, a는 풍속에 의존하는 계수, e_s는 수면온도에
서 포화증기압, e는 대기온도에서 실제증기압이다. 증발량을 단순히 증기압의 경사에
비례하는 것으로 표시하였지만 실제는 자유수면에서 공기 흐름에 영향을 주는 확산, 난
류, 와류 등을 고려해야 하므로 과정이 복잡하다. Meyer는 풍속을 고려하여 식 (4.1)을
다음과 같이 나타내었다.

$$E = K_M(e_s - e)\left(1 + \frac{u_9}{16}\right)$$
(4.2)

여기서 E는 증발량(mm/day), e_s는 수면온도에서 포화증기압(mmHg), e는 대기온
도에서 증기압(mmHg), u_9는 지상 9m 지점의 풍속(km/hr)이고, K_M은 수심이 깊은
곳은 0.36, 얕은 곳은 0.50의 값을 사용한다. Harbeck(1962)는 Hefner 호수에 대해
분석한 결과, 다음과 같은 식을 제안하였다.

$$E = \frac{0.291}{A^{0.05}} u_2(e_s - e)$$
(4.3)

여기서 E는 증발량(cm/day), A는 호수면적(m^2), u_2는 지상 2m에서 풍속(m/sec), e_s는 수면온도에서 포화증기압(kPa), e는 수면 위 대기에서 실측증기압(kPa)이다.

[예제 4.1] 수면적이 2.5km^{2}인 저수지에서 기상인자의 1주일 동안 평균값을 측정한 결과, 수온 : 20℃, 상대습도 : 40%, 지상 1m 지점의 풍속 : 16km/hr(풍속의 연직분포 $u_9 = u_1 h^{1/7}$)이었다. 이 저수지에서 평균증발량과 증발에 의한 물의 양을 Meyer 식으로 구하시오.

:: 풀이

표 2.2에서 포화증기압 $e_s = 17.53$mmHg,

$$증기압 \ e = 0.40 \times 17.53 = 7.01 \ mmHg$$

지상 9m 지점에서 풍속 $u_9 = u_1 h^{1/7} = 16.0(9)^{1/7} = 21.9 \, km/hr$

식 (4.2)에 의해 $E = 0.36 \left(17.53 - 7.01 \right) \left(1 + \dfrac{21.9}{16} \right) = 8.97 mm/day$

7일 동안 증발된 물의 부피 $= 7 day \times \dfrac{8.97}{1000} m/day \times 2.5 \times 1000^2 m^2 = 156,975 m^3$

[예제 4.2] 예제 4.1의 자료를 Harbeck의 식 (4.3)에 적용하여 평균증발량을 구하시오.

:: 풀이

지상 2m 지점의 풍속 $u_2 = u_1 h^{1/7} = 16.0(2)^{1/7} = 17.67 \, km/hr = 4.9 m/s$

포화증기압 $e_s = 17.53 mmHg = 13.6 \times 17.53 = 238.41 mmH_2O$

$$= 9800 N/m^3 \times \dfrac{238.41}{1000} m = 2336.42 N/m^2 = 2.336 kPa$$

증기압 $e = 0.40 \times 2.336 = 0.9344 kPa$

증발량 $E = \dfrac{0.291}{(2500000)^{0.05}} 4.9(2.336 - 0.9344) = 0.957 \, cm/day = 9.57 mm/day$

4.1.2 에너지수지에 의한 방법

에너지보존법칙에 근거를 둔 방법으로서 증발에 관련된 에너지수지를 계산하여 증발량을 결정한다. 저수지 수면을 통해 유입되는 에너지와 유출되는 에너지의 보존법칙을 이용한 것으로, 미국의 Hefner 호수와 Elephant Butte 저수지에 적용하여 양호한 결과를 얻었다. 증발량의 정확도는 관련 측정 자료의 신뢰성과 정확성에 달려 있다. 저수지에 대해 에너지수지방정식을 적용하면 다음과 같다.

$$R_e = R_{si} - R_r - R_b - R_h + R_v + R_\theta \tag{4.4}$$

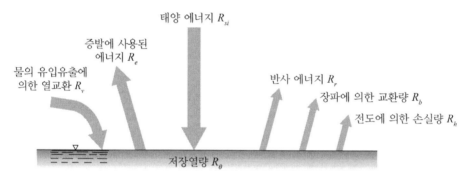

그림 4.1 저수지에서 에너지 수지에 대한 모식도

여기서 R_e = 증발에 사용된 에너지(cal/cm²day)

R_{si} = 수면에 도달하는 태양에너지

R_r = 수면에서 반사되는 태양에너지

R_b = 장파에 의한 복사에너지 교환량

R_h = 물과 공기사이의 전도에 의한 에너지 교환량

R_v = 저수지로 유입, 유출되는 물로 인한 에너지 교환량

R_θ = 저수지에 저장되는 에너지양

식 (4.4)에서 각항의 단위는 cal/cm²day이고 R_e를 제외한 각항의 값은 이론식으로

계산되거나 측정에 의해 결정된다. 이들 값을 정확하게 산정하는 것은 매우 어려운 일이며 각 항의 값은 참고문헌의 수문학 책에 기술되어 있다. 증발에 사용된 에너지 R_e를 증발량 E(m/day)로 환산하기 위한 식은 다음과 같다.

$$E = \frac{R_e}{L\rho_w} \tag{4.5}$$

여기서 잠재기화열 $L = 597.3 - 0.564\,T_0$(cal/g), T_0는 수온(℃), ρ_w는 물의 밀도 (g/cm^3)이다.

4.1.3 물수지에 의한 방법

이 방법은 일정 기간 동안에 저수지(혹은 호수)로의 유입량과 유출량을 고려하여 증발량을 산정한다. 저수지로의 유입량 I(m^3/s), 저수지에서의 유출량 O(m^3/s)를 이용한, 연속방정식을 수식으로 표현하면 다음과 같다.

$$I - O = \frac{dS}{dt} \tag{4.6}$$

여기서 S는 저수지의 저류량(m^3)이다. 유입량 I와 유출량 O를 구체적으로 나타내면 다음과 같다.

$$I = P + Q + Q_r + Q_s \tag{4.7}$$
$$O = E + Q_o + Q_d \tag{4.8}$$

여기서 P는 강우에 의해 저수지 수면위로 유입되는 양, Q는 하천으로부터 유입량, Q_r은 지표면으로부터 유입량, Q_s는 지하수 유입량, E는 증발량, Q_o는 저수지 하류의 하천을 통한 유출량, Q_d는 저수지 바닥이나 측벽을 통해 침투되는 양이다.

물수지방법은 식 (4.6)에서 보는 것처럼 수식은 간단하지만, 식 (4.7)과 (4.8)의 각항을 정확하게 추정하는 것이 어렵다. 일반적으로 물수지방법은 산정기간을 연단위 이상으로 고려하면 다소 정도가 높아지며, 저수량의 변화를 산정하기 위한 저수지 표고별 저수량 곡선이 필요하다.

4.1.4 Penman 방법

증발량을 산정하기 위해 에너지수지방법과 공기동력학 방법을 개별적으로 적용하여 산정하는 것보다 이 두 방법을 결합하여 적용하는 것이 합리적일 수 있다. 두 방법을 결합한 여러 가지 방법이 있으나 Penman에 의해 제안된 방법이 많이 사용되고 있다. Penman은 에너지수지와 공기동력학적 방법을 결합한 것으로 수문학이나 농공학 분야에서 잠재증발산을 계산하는 데 많이 사용된다.

$$E = \frac{\Delta E_e + \gamma E_a}{\Delta + \gamma} \tag{4.9}$$

여기서 E_e는 에너지수지방법에 의해 계산된 증발량, E_a는 공기동력학적 방법에 의해 계산된 증발량, Δ는 포화증기압곡선의 경사, γ는 습도계(psychrometer) 상수로서 증기압의 단위가 mb이면 0.66, 증기압의 단위가 mmHg이면 0.485의 값을 갖는다. Δ는 온도에 대한 포화증기압의 변화율이므로 포화증기압의 온도에 대한 미분으로 구한다.

$$\Delta = \frac{de}{dT} = \frac{e_o - e_s}{T_o - T_a} = \frac{e_s - e_o}{T_s - T_o} \fallingdotseq (0.00815\,T_a + 0.8912)^7 \tag{4.10}$$

여기서 e_o는 수면온도 T_o에서 포화증기압, e_s는 대기온도 T_a에서 포화증기압이다. 식 (4.9)의 분자와 분모를 습도계 상수 γ로 나누면,

$$E = \frac{(\Delta/\gamma)E_e + E_a}{(\Delta/\gamma) + 1} \tag{4.11}$$

이다. 이 식에서 온도변화에 따른 Δ/γ의 값을 Van Bavel(1966)이 표 4.1과 같이 제시하였다.

표 4.1 온도에 따른 Δ/γ의 값

$T(℃)$	Δ/γ	$T(℃)$	Δ/γ	$T(℃)$	Δ/γ	$T(℃)$	Δ/γ	$T(℃)$	Δ/γ	$T(℃)$	Δ/γ
0.0	0.67	10.0	1.23	20.0	2.14	30.0	3.57	40.0	5.70	50.0	8.77
0.5	0.69	10.5	1.27	20.5	2.20	30.5	3.66	40.5	5.83	50.5	8.96
1.0	0.72	11.01	1.30	21.0	2.26	31.0	3.75	41.0	5.96	51.0	9.14
1.5	0.74	11.5	1.34	21.5	2.32	31.5	3.84	41.5	6.09	51.5	9.33
2.0	0.76	12.0	1.38	22.0	2.38	32.0	3.93	42.0	6.23	52.0	9.52
2.5	0.79	12.5	1.42	22.5	2.45	32.5	4.03	42.5	6.37	52.5	9.72
3.0	0.81	13.0	1.46	23.0	2.51	33.0	4.12	43.0	6.51	53.0	9.92
3.5	0.84	13.5	1.50	23.5	2.58	33.5	4.22	43.5	6.65	53.5	10.10
4.0	0.86	14.0	1.55	24.0	2.64	34.0	4.32	44.0	6.80	54.0	10.30
4.5	0.89	14.5	1.59	24.5	2.71	34.5	4.43	44.5	6.95	54.5	10.50
5.0	0.92	15.0	1.64	25.0	2.78	35.0	4.53	45.0	7.10	55.0	10.80
5.5	0.94	15.5	1.68	25.5	2.85	35.5	4.64	45.5	7.26	55.5	11.00
6.0	0.97	16.0	1.73	26.0	2.92	36.0	4.75	46.0	7.41	56.0	11.20
6.5	1.00	16.5	1.78	26.5	3.00	36.5	4.86	46.5	7.57	56.5	11.40
7.0	1.03	17.0	1.82	27.0	3.08	37.0	4.97	47.0	7.73	57.0	11.60
7.5	1.06	17.5	1.88	27.5	3.15	37.5	5.09	47.5	7.90	57.5	11.90
8.0	1.10	18.0	1.93	28.0	3.23	38.0	5.20	48.0	8.07	58.0	12.10
8.5	1.13	18.5	1.98	28.5	3.31	38.5	5.32	48.5	8.24	58.5	12.30
9.0	1.16	19.0	2.03	29.0	3.40	39.0	5.45	49.0	8.42	59.0	12.60
9.5	1.20	19.5	2.09	29.5	3.48	39.5	5.57	49.5	8.60	59.5	12.80
10.0	1.23	20.0	2.14	30.0	3.57	40.0	5.70	50.0	8.77	60.0	13.10

그리고 에너지수지방법에 의해 계산된 증발량 E_e는

$$E_e = \frac{R_i - R_b}{L\rho_w} \tag{4.12}$$

이며, R_i는 흡수된 복사에너지의 총량($cal/cm^2 day$), R_b는 장파에 의한 복사에너지의 손실($cal/m^2 day$), L은 잠재열(cal/g), ρ_w는 물의 밀도(g/m^3)이다. 흡수된 복사에너지

의 총량 R_i는 다음 식으로 구할 수 있다.

$$R_i = R_A (1-r) \left(a + b \frac{n}{N} \right)$$ (4.13)

여기서 R_A는 대기권 상부에 도달한 태양에너지이고, 위도와 계절에 따라 표4.2와 같이 변화한다. r은 반사율(albedo)로서 지상에 도달한 에너지가 물체의 표면으로부터 반사되어 대기권 밖으로 나가는 비율로 표 4.3과 같이 지표면의 상태에 따라 다른 값을 가진다. 계수 a와 b는 지역에 따라 다른데 정확한 값을 산정하는 방법이 제안되어 있지 않다. 적절한 지역 값이 없는 경우에는 개략치 $a=0.2$, $b=0.5$를 사용한다.

식 (4.12)에서 장파에 의한 복사에너지의 손실 R_b(cal/m²day)는 다음 식으로 구한다.

$$R_b = \sigma T_a^4 (0.47 - 0.077 \sqrt{e}) \left(0.2 + 0.8 \frac{n}{N} \right)$$ (4.14)

여기서 σ는 Stefan-Boltzmann 상수$[1.17 \times 10^{-7} \text{cal}/(\text{cm}^2 \text{K}^4 \text{day})]$, T_a는 절대온도(°K), e는 실제공기의 대기압(mmHg)이다.

식 (4.11)에서 E_a는 공기동력학 법칙으로 구할 수 있으며 Penman이 제안한 경험식은 다음과 같다.

$$E_a = 0.35 (1 + 0.149 u_2)(e_s - e)$$ (4.15)

여기서 e_s는 실제공기의 포화증기압(mmHg), u_2는 지상 2m 지점에서 풍속(m/s)이다. Priestly와 Taylor(1972)는 Penman 식을 수정한 증발량계산 간편식을 제안하였다.

$$E = \alpha \frac{\Delta}{\Delta + \gamma} E_e$$ (4.16)

여기서 α는 지역에 따라 다른 값을 가지는데 대략 1.3 정도이다.

표 4.2 대기권에 도달하는 태양에너지 R_A(cal/cm^2/day)

위도	1월	2월	3월	4월	5월	6월	7월	8월	9월	10월	11월	12월
90°N	-	-	-	465	880	1070	930	660	155	-	-	-
80	-	-	105	460	860	1050	970	625	235	10	-	-
70	-	65	255	540	800	1000	870	670	400	140	5	-
60	75	205	400	655	860	975	925	750	500	275	110	55
50	200	350	540	750	910	985	950	820	620	430	155	175
40	355	490	650	820	880	985	960	870	740	550	395	325
30	500	620	750	870	945	975	955	900	792	670	540	465
20	640	725	820	895	930	930	930	900	850	760	660	610
10	755	820	870	895	885	870	870	885	880	830	770	730
0	855	885	895	870	820	790	795	840	880	885	860	840

표 4.3 반사율(albedo)

지표면의 상태	반사율 r
물	0.08
키가 큰 숲	0.11~0.16
키가 큰 작물	0.15~0.20
키 작은 작물	0.20~0.26
목초지	0.20~0.26
나대지	0.10(wet)~0.35(dry)
눈과 얼음	0.20(old)~0.80(new)

[예제 4.3] 북위 35°인 지역에 위치한 저수지에서 다음 자료를 이용하여 8월의 증발량을 구하시오. 단, 대기온도 : 30℃, 상대습도 : 40%, 풍속 : 2.5m/sec, 일조시간/낮의 길이 : 70%.

:: 풀이

대기온도 30℃일 때 포화증기압 $e_s = 31.82\text{mmHg}$,

상대습도가 40%일 때 실제증기압 $e = fe_s = 0.4 \times 31.82 = 12.73\text{mmHg}$

표 4.2에서 8월, 35°N일 때 지구상에 도달하는 태양에너지는 보간법에 의해 계산하면,

$$R_A = 885\mathrm{cal/cm^2/day},$$

$$R_i = R_A(1-r)\left(a + b\frac{n}{N}\right) = 885 \times (1-0.08)(0.2+0.5\times0.7)$$

$$= 447.81\mathrm{cal/cm^2/day}$$

$$R_b = 1.17\times10^{-7}(303)^4(0.47-0.077\sqrt{12.73})(0.2+0.8\times0.7)$$

$$= 146.35\mathrm{cal/cm^2/day}$$

$$E_e = \frac{R_i - R_b}{L\rho_w} = \frac{447.81-146.35}{(596-0.52\times30)\times1} = 0.519\mathrm{cm/day} = 5.19\mathrm{mm/day}$$

표 4.1에서 $\Delta/\gamma = 3.57$이고,

$$E_a = 0.35(1+0.149u_2)(e_s-e) = 0.35(1+0.149\times2.5)(31.82-12.73)$$

$$= 9.17\mathrm{mm/day}$$

$$E = \frac{(\Delta/\gamma)E_e + E_a}{(\Delta/\gamma)+1} = \frac{3.57\times5.19+9.17}{3.57+1} = 6.06\mathrm{mm/day}$$

4.1.5 측정에 의한 증발량 산정

측정에 의한 방법은 증발접시(evaporation pan)를 이용하는 것으로 증발량은 지상 기상자료의 하나이다. 저수지에는 증발량에 관여하는 인자가 많기 때문에 직접 측정할 수는 없어 실무에서는 증발접시에 의해 측정된 증발량을 환산하여 증발량을 추정한다. 증발접시의 종류에 따라 증발량이 약간씩 다르고 실제증발량과 증발접시에 의해 측정된 증발량 비를 증발접시계수라 하며 이를 이용하여 보정한다. 증발량은 오전 9시 기준으로 24시간 단위로 측정한다. 기상청에서 사용하는 증발접시는 소형과 대형으로 구분된다. 소형 증발접시는 지름이 20cm, 깊이 10cm의 원통형이며 청동으로 만들어져 있다. 증발접시에 깨끗한 물을 20mm를 부은 후, 24시간 지난 후에 측정하여 증발량으로 환산한다. 강우가 발생한 경우에 강우량의 깊이를 제하고 산정한다.

증발접시는 설치방법에 따라 매몰식 증발접시, 부유식 증발접시, 지표설치형 증발접

시로 구분한다. 매몰식 증발접시는 태양열에 의해 접시주변이 가열되는 것을 방지하기 위한 것인데 잡풀 등의 이물질이 들어가기 쉽다. 그리고 토양과의 에너지 교환량을 산정하기가 어려운 단점이 있다. 부유식 증발접시는 수면에 증발접시를 설치하는 것으로 저수지의 경우에 실제 증발량을 측정할 수 있는 이상적인 형태이지만 운영상의 문제점, 즉 접근하기가 쉽지 않으며 설치비 및 유지관리비가 많이 든다. 지표설치형은 우리나라에서 주로 사용되는 형식이며 지표면에서부터 약 15cm 위에 설치함으로써 이물질 등의 유입을 방지할 수 있으며 설치비 및 유지비가 저렴하다. 그러나 지표면에 노출되어 있기 때문에 접시 벽면에 태양복사열이 직접 전달되어 열전도로 인해 실제증발량보다 과대하게 측정된다.

증발접시에서는 증발접시 벽의 열, 바람 등의 원인에 의해 자연 상태의 수면보다 증발량이 많으므로 증발접시에 의해 측정된 증발량에 증발접시계수를 곱하여 실제증발량을 추정한다. 증발접시계수는 1.0보다 작으며 지표면 설치형에 대한 대표적인 값을 표 4.4에 제시하였다.

표 4.4 지표설치형 증발계의 증발접시계수

지역	연평균 증발접시계수	지역	연평균 증발접시계수
금강유역(소형)	0.68	미국(Lake Hefner)	0.69
금강유역(대형)	0.80	미국(Lake Mead)	0.66
한강유역(대형)	0.70	영국(London)	0.70
미국(Davis)	0.72		
미국(Denver)	0.67		

4.2 증발산량 산정

식물의 뿌리에 의해 흡수된 물의 일부는 식물의 잎을 통해서 대기 중으로 수분을 공급하는데 이를 증산이라 한다. 유역에서 물수지분석을 위해 증발과 증산을 분리하여 산정하기 어렵기 때문에 증발과 증산을 합하여 동시에 고려한다.

증발산량의 산정은 관개 계획과 관리를 위해서도 필요하다. 여러 작물의 성장에 필요한 증발산량을 산정하여 적절한 물을 공급하여야 한다. 식물의 소비수량은 생육지역에서 증발량과 식물이 성장하는 데 필요한 수량을 합한 것이다.

물이 담겨 있는 저수지의 경우에 증발될 물이 항상 저장되어 있기 때문에 앞에서 소개된 증발량 산정 공식을 이용하면 된다. 그러나 자연 하천이나 유역에서의 증발량은 물이 포화상태로 존재하지 않을 수도 있기 때문에 실제로 증발산량(실제증발산량)이 공식에 의해 산정한 증발산량(잠재증발산량)보다 작을 수 있다. 따라서 실제증발산량을 산정하기 위해 잠재증발산량을 산정하여 보정하는 과정을 거쳐야 한다.

증발산량의 산정과정은 증발량의 산정에서 고려된 기상학적 인자 이외에 식물의 종류, 식물의 밀도, 성장 속도, 잎 표면의 크기와 색도, 토양의 공극률, 투수계수, 입도, 토양 함수율 등에 영향을 받기 때문에 증발량보다 더 복잡하다. 증발산량의 산정에는 측정에 의한 방법, 물수지 방법, 에너지수지 방법, 기상자료에 의한 방법 등을 이용하는데, 측정과 기상자료에 의한 방법을 요약하면 다음과 같다.

4.2.1 측정에 의한 방법

측정용기 내에 물과 함께 흙으로 채워진 곳에 특정식물을 심고 식물이 성장하는 동안에 유입, 유출, 저류된 물의 양을 측정하여 증발산량을 환산할 수 있다. 이와 같은 원리를 이용하여 고안된 것이 증발산계(lysimeter)이며 중량식과 비중량식으로 구분되며 전자는 토양의 무게를 측정할 수 있는 저울을 사용하여 무게의 변화로 토양함수량의 변화를 측정한다. 후자는 유입량과 유출량의 차를 산정하는 데 토양함수량을 측정할 수 없기 때문에 토양 내의 수분 양을 무시해도 되는 경우에 사용된다. 증발산계에 의해서 측정된 값은 식물성장에 필요한 수량이므로 자유수면을 가진 유역에서의 증발산량과는 다르다. 그러므로 증발산계에 의해 결정된 양은 관개용수 수요량을 결정하는 데 도움이 된다.

4.2.2 기상자료에 의한 방법

(1) Thornthwaite 방법

일반적인 기후조건에서 유역의 토양에 물이 충분히 공급될 때, 즉 증발산이 물공급 여건에 방해받지 않고 식생이 조밀한 상태에서의 증발산량을 잠재증발산량이라고 Thornthwaite가 정의하였다. 실제증발산량은 잠재증발산량을 산정한 후에 보정계수를 곱하여 산정한다. Thornthwaite 방법은 기후인자를 고려하여 식물소비수량을 산정한다. 잠재증발산량 산정에 월평균기온을 사용하며 산정방법은 다음과 같다.

$$E_T = c\,T_m^a \tag{4.17}$$

여기서 E_T는 식물소비수량(cm), T_m은 월평균기온(°C), a와 c는 계수이며 지역과 위도에 따라 변하며, 계수 a는 연열지수(annual heat index) I를 구하여 결정한다.

$$a = 67.5 \times 10^{-8} I^3 - 77.1 \times 10^{-6} I^2 + 0.0179 I + 0.49 \tag{4.18}$$

$$I = \sum_{m=1}^{12} \left[\frac{T_m}{5} \right]^{1.514} \quad (T_m > 0°C인\ 경우) \tag{4.19}$$

1개월을 평균 30일, 하루의 낮 길이를 12시간으로 가정하면, 식 (4.17)은 식 (4.20)으로 변경된다.

$$E_T = 1.62 \left[\frac{10\,T_m}{I} \right]^a \tag{4.20}$$

이 식을 실제 일수와 실제 낮의 길이를 고려하여 보정하는 과정이 필요하다. 보정과정은 다음과 같다.

$$E_{Tp} = E_T \frac{D \cdot T}{30\text{day} \times 12\text{hr}} = C \cdot E_T \tag{4.21}$$

여기서 D와 T는 각각 어떤 월의 실제일수(일)와 일조시간(hr)이다. 식 (4.21)에서 E_{Tp}는 잠재증발산량(cm/month)이며 보정계수 C는 표 4.5에 제시되어 있다.

표 4.5 Thornthwaite 방법에 대한 보정계수

위도	1월	2월	3월	4월	5월	6월	7월	8월	9월	10월	11월	12월
60°N	0.54	0.67	0.97	1.19	1.33	1.56	1.55	1.33	1.07	0.84	0.58	0.48
50	0.71	0.84	0.98	1.14	1.28	1.36	1.33	1.21	1.06	0.90	0.76	0.68
40	0.80	0.89	0.99	1.10	1.20	1.25	1.23	1.15	1.04	0.93	0.83	0.78
30	0.87	0.93	1.00	1.07	1.14	1.17	1.16	1.11	1.03	0.96	0.89	0.85
20	0.92	0.96	1.00	1.05	1.09	1.11	1.10	1.07	1.02	0.98	0.93	0.91
10	0.97	0.98	1.00	1.03	1.05	1.06	1.05	1.04	1.02	0.99	0.97	0.96
0	1.00	1.00	1.00	1.00	1.00	1.00	1.00	1.00	1.00	1.00	1.00	1.00

[예제 4.4] 광주 지방(35°N 가정)에서 옥수수를 경작하는데 그 기간이 6월 1일부터 9월 31일까지이고 월평균 기온은 다음과 같다. Thornthwaite 방법에 의해 식물소비수량을 구하시오.

월	1	2	3	4	5	6	7	8	9	10	11	12
기온	0.8	2.8	7.2	13.5	18.3	22.4	25.8	26.2	21.9	15.8	9.3	3.4

:: 풀이

월	1	2	3	4	5	6	7	8	9	10	11	12
T_m	0.8	2.8	7.2	13.5	18.3	22.4	25.8	26.2	21.9	15.8	9.3	3.4
I_m	0.06	0.42	1.74	4.50	7.13	9.68	11.99	12.28	9.36	5.71	2.56	0.56
E_T						10.51	13.05	13.36	10.15			
C						1.18	1.17	1.11	1.03			
E_{Tp}						12.40	15.27	14.83	10.45			

$$I = \sum_{m=1}^{12} \left[\frac{T_m}{5} \right]^{1.514} = 65.99$$

$$a = 67.5 \times 10^{-8} I^3 - 77.1 \times 10^{-6} I^2 + 0.0179 I + 0.49 = 1.53$$

E_T값은 식 (4.20)에 의해 계산한다. 보정계수 C는 표 4.5를 이용하여 보간법으로 계산한다. E_{Tp}는 E_T값에 보정계수 C를 곱하여 계산한다. 이 기간 동안 필요한 소비수량은 52.95cm이다.

(2) Blaney–Criddle 방법

이 방법은 미국의 서부지방을 대상으로 개발된 것이며 계절단위의 실제증발산량을 산정하는 방법이다. 주로 농작물 경작지에 대한 관개용수를 산정할 때 사용되고 있으며 곡물소비수량과 월평균기온, 일조시간과의 관계를 설정하여 산정한다. 이 관계를 식으로 나타내면,

$$C_u = \frac{K \cdot T_m \cdot P}{100} = K \cdot f \tag{4.22}$$

이다. 여기서 C_u는 곡물소비수량(inch), K는 곡물계수(표 4.6 참조), T_m은 월평균기온(°F), P는 월간 낮의 길이와 연간 낮의 길이 비(표 4.7 참조)이다. 그리고 월별 소비수량 인자 f는 다음 식과 같다.

$$f = \frac{T_m P}{100} \tag{4.23}$$

월별 곡물소비수량 인자 f에 곡물별 소비수량을 곱하여 월별 소비수량을 구하여 전 기간에 대해 합산하여 총소비수량을 산정한다.

$$C_u = \sum K \cdot f = K \sum f \qquad (4.24)$$

곡물계수 K는 엄밀하게 성장기간에 따라 다르게 적용시키거나 식물의 종류에 따라 일정한 값을 적용한다.

표 4.6 곡물계수 K

식물의 종류	성장기간	곡물계수 값
Alfalfa	연간	0.85
옥수수	4개월(6~9월)	0.75
콩	3개월	0.65
감자	4개월	0.80~0.90
보리, 밀	3개월	0.75

표 4.7 월간 낮의 길이와 연간 총 낮의 길이의 비 $P(\%)$

구분	1	2	3	4	5	6	7	8	9	10	11	12
40°N	6.75	6.72	8.32	8.93	10.01	10.09	10.22	9.55	8.39	7.75	6.73	6.54
38	6.87	6.79	8.33	8.89	9.90	9.96	10.11	9.47	8.37	7.80	6.83	6.68
36	6.98	6.85	8.35	8.85	9.80	9.82	9.99	9.41	8.36	7.85	6.93	6.81
34	7.10	6.91	8.35	8.80	9.71	9.71	9.98	9.34	8.35	7.90	7.02	6.93
32	7.20	6.97	8.36	8.75	9.62	9.60	9.77	9.28	8.34	7.95	7.11	7.05
30	7.31	7.02	8.37	8.71	9.54	9.49	9.67	9.21	8.33	7.99	7.20	7.16

[예제 4.5] Blaney-Criddle 방법으로 곡물소비수량(35°N, 옥수수)을 구하시오.

:: 풀이

월	월평균기온(°C)	월평균기온(°F)	$P(\%)$	f	K	c_u(inch)	c_u(cm)
6	22.4	72.32	9.77	7.07	0.75	5.30	13.46
7	25.8	78.44	9.99	7.84	0.75	5.88	14.94
8	26.2	79.16	9.38	7.42	0.75	5.57	14.15
9	21.9	71.42	8.36	5.97	0.75	4.48	11.38
계						21.23	53.93

(1) 기온 섭씨 °C를 화씨 °F로 변환은 F = (9/5)C + 32를 이용한다.

(2) 낮의 길이비 P값은 표 4.7를 이용하며 35°N 값은 보간에 의해 계산한다.

(3) 곡물소비수량인자 f는 식 (4.23)을 이용한다.

(4) 곡물계수 K는 표 4.6을 이용한다.

(5) 총소비수량 C_u는 식 (4.22)를 이용하여 계산하고 cm로 환산하면 곡물소비수량은 53.93cm이다.

4.3 차 단

강우가 발생하면 지표면에 도달하기 전에 강우의 일부가 식물의 잎에 접촉되어 머금고 있으며 이 양들은 대기 중으로 증발되거나 바람에 흔들려 지표면으로 떨어질 수 있다. 즉, 식물의 표면에 저류되어 손실된 강우를 차단(interception, 遮斷)이라고 한다. 차단은 주로 호우의 특성, 식물의 종류, 밀도, 계절에 따라 다르다. 차단은 강우의 초기에 주로 발생되며 차단에 의한 손실은 증발이나 침투에 의한 손실보다 작기 때문에 실무에서 무시하는 경우가 대부분이다. 그러나 대상 유역에 많은 수목이 성장하고 있는 경우에 손실을 고려할 경우가 있다.

차단에 의한 손실의 추정한 이론은 알려져 있지 않지만 강우와 차단에 의한 손실량을 측정하여 그 관계를 제시한 일반적인 경험공식으로 Horton 공식이 사용된다.

$$I = a + bP \tag{4.25}$$

여기서 I는 차단에 의한 손실량(cm), P는 총강우량(cm), a와 b는 식생에 따라 결정되는 계수로서 표 4.8에 제시되어 있다.

표 4.8 식생에 의한 차단손실계수(Horton 공식)

구분	a	b
과수원	0.04	0.18
단풍나무 숲	0.04	0.18
참나무 숲	0.05	0.18
소나무	0.05	0.20
곡물(보리, 밀 등)	0.013	0.10

4.1 증발에 영향을 주는 인자들을 열거하고, 각 인자의 증발에 대한 관련성을 설명하시오.

* 풀이

1) 태양복사열 : 수분이 액체상태에서 기체상태로 변화하기 위한 증발잠열의 주요 공급원

2) 증기압, 기온 : 공기 중의 수증기량의 척도가 증기압이며 이는 기온과 밀접한 관계를 가지며 증기압 구배가 클수록 증발률이 크다.

3) 습도 : 공기의 습도가 상승하면 증발률이 작아진다.

4) 바람 : 증발은 풍속에 따라 증가하나 어느 정도에 이르면 증발률이 둔화된다.

5) 수질 : 고체가 용해된 물은 증발률이 둔화되며, 수면에 막을 형성하는 물질도 증발을 감소시킨다.

6) 증발표면 특성 : 증발면의 색깔, 조도에 따라 증발량이 변화한다.

4.2 증발접시를 이용하지 않는 수면증발량 결정법 5가지를 설명하시오.

* 풀이

1) 물수지 방법 : 물의 체적에 대한 연속방정식

$$E = (S_1 - S_2) + I + P - O - O_s = 월 또는 연증발산량 산정에 이용$$

증발량 = (저류량) + 유입량 + 강수량 - 유출량 - 침윤량

2) 에너지 수지법 : 에너지 항으로 쓰인 연속 방정식

$$E = \frac{Q_s - Q_r - Q_b - Q_\theta - Q_v}{\rho L(I+B)} : Q_s, \ Q_r = 태양복사에너지 입사량$$

$$Q_b (순장파복사에너지교환) = Q_{ar} + Q_{bs} - Q_a$$

$$Q_\theta = 물에 저장된 에너지$$

$$Q_v = 유입, 유출 이송에너지$$

$$e = 물의밀도(\text{g/cm}^3), \quad L = 증발잠열(\text{cnl/g})$$

$$B = \frac{Q_h}{Q_e} = 0.61 \frac{P}{1000} \frac{T_s - T_a}{e_s - e_a} \ 보웬비$$

3) 질량 수송법 : 증발표면에서 대기에 이르는 운동에 의한 수증기의 난류수송

$$E = f(u)(e_s - e_a) = C_1 + (u_8/16)(e_s - e_a)$$

4) Penman 방법(조합법) : 에너지수지 및 질량수송식의 물리적 원리와 기상관측자료에 근거한 경험적 방법을 조합

$$E = \frac{\Delta E_e + \gamma E_a}{\Delta + \gamma} \ [\gamma = 습도측정상수, \ \Delta = \frac{de}{dT} \simeq \frac{e_s - e_o}{T_s - T_o},$$

$$E_e = R_I(1-r) - R_o \text{ 순복사에너지}, \ E_a = f(u)(e_o - e_a)]$$

5) Priestley-Taylor 법 : 조합방법의 둘째 항≈첫째 항의 30% $E = 1.3\dfrac{\Delta E_e}{\Delta + \gamma}, \ E_e = \dfrac{Q_s}{\rho L}$

4.3   다음용어를 설명하시오.

a) Potential evaporation

b) 연평균 Evapotranspiration의 연평균 강수량에 대한 비율(%)

c) Pan coefficient

d) 증발률에 영향을 미치는 인자 3가지

* 풀이

a) Potential evaporation : 잠재증발, 증발표면에 물의 양이 제한 없이 공급될 때 발생하는 증발률

b) 연평균 Evapotranspiration의 연평균 강수량에 대한 비율(%)? 70%

c) Pan coefficient : 증발접시계수 = 수표면 증발량/증발접시 증발량

  0.6~0.8(지상 A형), 0.75~0.95(함몰식), 0.8(부유식)

d) 증발률에 영향을 미치는 인자 3가지

  −기상학적 인자 : 태양에너지, 온도, 바람, 기압, 습도

  −증발표면 특성인자 : 물의존재, 색상, 표면 거칠기, 지형

  −수질인자 : 염분 또는 용존 고형물의 농도

4.4   수면적이 8km²인 호수에 평균유입량이 5.0m³/s이고 평균방류량이 3.5m³/s이다. 월강우량이 90mm인 특정 월에 호수의 수면이 5cm 강하하였다면, 침윤량을 무시한 이 호수의 월 증발량은 얼마인가?

* 풀이

$$E = (S_2 - S_1) = I = P - O - O_g \text{(mm/月)}$$

$$= 50\text{mm/月} + \frac{5 \times 86400\text{m}^3/\text{日}}{8 \times 10^6\text{m}^2} \times 10^3\text{mm/m} \times 30\text{日/月}$$

$$+ 90\text{mm/月} - \frac{3.5 \times 86400 \times 10^3 \times 30}{8 \times 10^8}\text{mm/月}$$

$$= 140 + 1.5 \times (86.4/8) \times 30 = 626\text{mm/月}$$

수면적이 7km²인 호수에 평균유입량이 4.0m³/s이고 평균방류량이 3m³/s일 때 월증발량은 얼마인가?

4.5 다음사항들을 항목별 70자 이내로 요약하여 설명하시오.

    a) 물수지 방법   b) 에너지수지 방법   c) Penman 방법

    d) Pan coefficient   e) Lysimeter   g) 작물계수

* 풀이

a) 증발량$(E) = \sum I - \sum O - \Delta S = (P + I_s + I_g) - (O_s + O_g) - (S_2 - S_1)$

b) 호수, 저수지에 유입, 유출, 저류되는 에너지 수지를 고려한 증발량 산정방법

$$R_n + H_{lr} = H_{li} + H_{si} - H_{so} - H_{lo} = H_i + H_{if} + H_s + H_e + H_{lr} + H_{gf}$$

$$E = (R_n - H_{if} - H_{gf} - H_i)/[e_w L_v(1 + \beta)]$$

c) 에너지 공급과 수증기 이송방법의 약점을 보완한 방법

$$E_c = \frac{\Delta}{\Delta + r} E_r + \frac{r}{\Delta + r} E_a, \quad \Delta = \frac{de_s}{dt}, \quad r = \frac{C_p K_h P}{0.622 \, l_v \, k_w}$$

d) 증발접시계수 $K_p = \dfrac{\text{저수지실제증발량}}{\text{증발접시측정증발량}} \dfrac{E}{E_P}$

e) 증발산계 D 0.6~0.9m, 깊이 1.8m의 원통형용기에 흙을 채워 작물(식물)을 심어 성장에 필요한 물의 양을 측정(증발산량 = 공급량 − 유출량)

f) Blaney-Criddle 증발산량 산정방법 월 소비수량 계산을 위한 작물별, 지역별, 월별로 변하는 가중치 K, $AET = \displaystyle\sum_{i=1}^{n} K_i f_i$

4.6 증발량 공식 $E = \dfrac{\Delta E_e + \gamma E_a}{\Delta + \gamma}$ 에서 각 변수의 정의와 단위를 쓰고, 공식의 활용법을 설명하시오.

* 풀이

$E =$ 에너지 수지방법과 공기동역학방법에 의한 증발량(mm/day) Penman 방법

$E_e =$ 에너지 수지방법$(Re = R_{ri} - R_r - R_b - R_h + R_v - R_\theta)$에 의한 증발량(mm/day) $E_e = \dfrac{R_e}{L\rho_w}$

$E_a =$ 공기동역학방법 $(E = a(e_s - e))$에 의한 증발량(mm/day)

$\Delta =$ 포화증기압 곡선의 경사 $= \dfrac{de}{dT} \fallingdotseq (0.00815 T_a + 0.8912)^7$

$\gamma =$ 습도계(Psychrometer) 상수(0.66, 0.485 by 증기압단위 mb, mmHg)

    수문학, 농업수문학에서 잠재증발산량 계산에 많이 활용

4.7 호남 지방(35°N)에서 감자를 경작하는 기간이 7월 1일부터 10월 31일까지이고 월평균 기온은 다음과 같다. Thornthwaite 방법에 의해 식물소비수량을 구하시오.

월	1	2	3	4	5	6	7	8	9	10	11	12
기온	0.8	2.8	7.2	13.5	18.3	22.4	25.8	26.2	21.9	15.8	9.3	3.4

4.8 문제 4.7의 자료를 사용하여 Blaney-Criddle 방법으로 식물소비수량을 구하시오.

4.9 문제 4.7의 자료를 이용하여 Thornthwaite 방법에 의해 5월과 9월의 잠재증발산량을 구하시오.

4.10 소나무가 우거진 숲에 강도가 균일한 강우 40mm가 발생하였다. 차단에 의한 손실을 구하시오.

4.11 증발량 산정 방법이 아닌 것은?

가. Dalton 법칙　　나. Holton 공식　　다. Penman 공식　　라. 물수지법

정답_나

4.12 물순환 수문에 관련된 용어의 설명 중 옳지 않은 것은?

가. 증발이란 액체상태의 물이 기체상태의 수증기로 바뀌는 현상이다.

나. 증산(transpiration)이란 식물의 엽면(葉面)을 통해 물이 수증기로 바뀌는 현상이다.

다. 침투란 토양면을 통해 스며든 물이 중력에 의해 계속 지하로 이동하여 불투수층까지 도달하는 것이다.

라. 강수(precipitation)란 구름이 응축되어 지상으로 떨어지는 모든 형태의 수분을 총칭한다.

정답_다

4.13 어떤 유역 내의 총강수량을 P, 지표수 유입량을 I, 지표수 유출량을 O, 지하수 유출입량을 U, 유역 내 저류량의 변화량을 S라 할 때, 물수지 원리에 의한 증발량 E를 구하는 식으로 옳은 것은?

가. $E = P - I \pm U + O \pm S$　　　　나. $E = P + I - U - O \pm S$

다. $E = P + I \pm U - O \pm S$　　　　라. $E = P + I + U + O - S$

정답_다

05
—
지하수

CHPATER 05 · 지하수

 물의 순환과정에서 강우가 지표면에 도달하면 토양의 흡수 능력에 따라 지표면을 통하여 침투되고 남은 물이 지표면을 따라 유출된다. 침투된 물은 중력이나 모관현상에 의한 힘에 따라 이동하면서 지표면으로 다시 유출되거나 지하수를 보충하기도 한다. 지표면 아래의 토양 공극을 통해 이동하는 현상을 침루(percolation)라 한다. 지표면에서 침투된 물이 침루되어 지하수면에 도달하면서 지하수위를 증가시킨다. 침투 현상은 물의 순환과정에서 강우-유출 관계에 영향을 주는 중요한 요소이다. 토양의 종류나 토양 내의 초기함수량에 따라 침투량, 혹은 지표면유출량에 영향을 준다.

 지하수 수문학은 지표면 아래에서 물의 저장과 이동에 관한 것으로 최근에 이수와 치수 관리에서 중요하게 취급되고 있다. 본 장에서는 지하수의 생성과 저류, 이동원리와 해석을 통해서 지하수 흐름을 이해한다.

5.1 지하수의 정의와 용어

 지표면 아래의 토양 속 공극에는 수분이 부분적으로, 혹은 완전히 채워져 있을 수 있다. 지표면 아래 부분은 지하수면을 기준으로 **상부 비포화대**(unsaturated zone)와 **하부 포화대**(saturated zone)로 구분되며, 비포화대는 지하수면(water table) 위로서 **토**

양수대(soil water zone), **중간대**(intermediated zone, **현수수대, 중력수대**), **모관대**로 이루어져 있다(그림 5.1 참조). 토양수대의 수분량은 일정하지 않고 강우 발생 직후에 증가하다가 강우가 중단되면 수분은 증발과 침투의 영향으로 감소된다. 지하수면의 압력은 대기압(압력이 0임)이 작용하며 지하수면 위로 상승된 모관대에는 토양의 종류에 따라서 미세한 실트질인 경우에 약 50cm, 자갈층의 경우에 2~3cm 정도 상승하며 부압(−)이 작용한다.

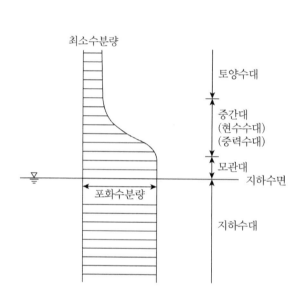

그림 5.1 토양 내부의 수분 분포

지하수는 지표면 아래의 투수성이 높은 암석이나 공극 속에 포함되어 있는 상태의 물을 의미하며 이는 지표면을 통해서 침투된 물이나 하부 토층을 통해서 유입된 물로 형성된다. 물의 순환과정에서 지하수가 갈수기 하천에 물을 공급(기저유출)하는 **침출하천**(effluent stream)이거나, 반대로 하천수위가 지하수위보다 높아서 하천수가 지하수를 보충하는 **함양하천**(influent stream)이 되는 과정에서 지하수와 하천수는 상호 보완작용을 한다(그림 5.2 참조).

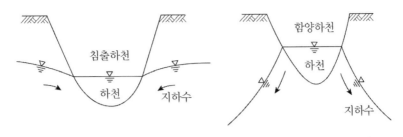

그림 5.2 침출하천과 함양하천

대수층(aquifer)은 항상 물을 함유하고 있는 투수층으로 경제적으로 개발 가능한 물을 충분히 함유하고 있어야 한다. 진흙과 같은 투수성이 낮은 지층에 함유되어 있는 물은 채취하기가 불가능하며 지하수라 부르지 않는다. 대수층은 자유수면을 갖고 있는 경우와 갖지 않은 경우로 구분되며 전자를 비피압대수층(unconfined aquifer, 자유수면 대수층), 후자를 피압대수층(confined aquifer)이라 부른다.

(1) 비피압대수층

지하수면이 지표면 아래 공극을 통해 대기압을 받고 있으며 이 지하수층에 피조미터를 세우면 피조미터의 수위는 지하수 수위와 동일한 수면을 유지한다. 지하수면 위치는 지표면을 통해서 유입되는 침투 및 침루의 양에 의해 변한다(그림 5.3).

(2) 피압대수층

불투수층과 불투수층 사이에 대수층이 형성되어 대기압 보다 큰 압력을 받고 있는 층을 말한다. 불투수층에 의해서 물의 이동이 제한받으며 물의 공급은 대수층이 지표면으로 노출된 함양지역을 통해서 가능하다(그림 5.3). 이 대수층은 함양지역에서만 지하수면을 유지하고 있으며 대수층에 피조미터를 세우면 그 수위는 함양지역의 지하수면과 동일하게 유지된다. 만일 함양지역의 지하수면보다 낮은 곳에 지표면이 위치하고 있으면 솟아오르는 샘과 같은 분정(artesian well)이 형성된다.

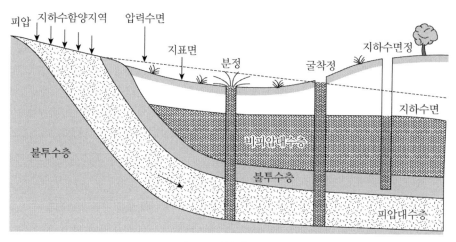

지하수함양지역

피압   압력수면

지표면   분정   굴착정   지하수면정

비피압대수층

불투수층

불투수층

지하수면

피압대수층

그림 5.3 대수층의 구분

(3) 투수계수

지하수는 공극을 통해 흐르며 그 양은 공극의 크기에 따라서 결정된다. 토양의 공극을 통해 물이 이동하는 속도를 투수계수(hydraulic conductivity, permeability, 혹은 투수능)라고 하며, 자갈이나 모래로 이루어진 대수층에서 투수계수는 크고 점토와 같은 매우 작은 공극을 갖는 대수층의 투수계수는 매우 작다. 토양의 투수계수를 결정하는 인자는 공극 속을 흐르는 유체와 매개물질의 성질에 영향을 받는 것으로 알려져 있으며 투수계수의 차원은 유속과 같다.

투수계수를 결정하는 방법은 여러 가지가 있다. 차원해석에 의해 투수계수에 영향을 미치는 변수를 확인해보자. 투수계수에 영향을 주는 변수를 유체의 단위중량(γ), 점성계수(μ), 토입자의 평균입경(D)이라 가정하면,

$$K = f(\gamma, \mu, D) \ \text{또는} \ K = C\gamma^a\mu^bD^c \tag{5.1}$$

여기서 C는 상수이며 일반적으로 실험에 의해 결정되고, a, b, c는 투수계수에 영향을 주는 기본량의 지수로서 상수이며 차원해석에 의해 결정된다. 즉,

$$[M]^0 [L] [T]^{-1} = [ML^{-2}T^{-2}]^a [ML^{-1}T^{-1}]^b [L]^c \tag{5.2}$$

양변은 동차가 되어야 하며 이를 이용하여 지수 a, b, c를 결정하면 $a=1$, $b=-1$, $c=2$이다. 이 값을 식 (5.1)에 대입하면,

$$K = DC^2 \frac{\gamma}{\mu} = k \frac{\gamma}{\mu} = k \frac{\rho g}{\mu} \tag{5.3}$$

이다. 여기서 k는 고유투수계수(intrinsic permeability, $[L^2]$)이고 매개물질의 특성에 의존한다. ρ는 지하수의 밀도이고 g는 중력가속도이다. 식 (5.3)에서 투수계수는 유체의 성질과 토양입자의 크기에 따라 결정된다는 것을 알 수 있다. 비포화상태 흐름에 대한 투수계수는 고유투수계수가 함수량의 함수로 표시되며 이에 대한 사항은 다음 장에서 기술한다. 일반적인 토양에 대한 투수계수의 범위를 표 5.1에 제시하였다.

표 5.1 투수계수의 개략치(단위 : cm/s)

	10^2	10^1	10^0	10^{-1}	10^{-2}	10^{-3}	10^{-4}	10^{-5}	10^{-6}	10^{-7}	10^{-8}	10^{-9} cm/s
투수계수												
배수			양호					반투수		불투수		
토양	자갈		모래, 모래와 자갈				진흙			불투성 흙		

표 5.2 대표적인 토양과 암의 투수계수(Todd, 1980)

토양과 암의 종류	투수계수(m/day)
조립 자갈(Gravel, coarse)	150
중간 자갈(Gravel, medium)	270
세립 자갈(Gravel, fine)	450
조립 모래(Sand, coarse)	45
중간 모래(Sand, medium)	12
세립 모래(Sand, fine)	2.5
실트(Silt)	0.08
점토(Clay)	0.0002
세립 사암(Sandstone, fine-grained)	0.2
중간 사암(Sandstone, medium-grained)	3.1
석회암(Limestone)	0.94
현무암(Basalt)	0.01
풍화된 화강암(Granite, weathered)	0.2

(4) Darcy 공식

Henry Darcy(프랑스, 1856)가 제안한 공식으로 토양 내에서 물의 이동을 연구하기 위해 실험을 수행하였다. 그림 5.4와 같이 수직 원통관 속에 모래를 채워 지하수 이동의 기본 법칙을 실험하였다. 모래를 통해 흐르는 유량 Q는 단면적 A에 비례하고 모래층 길이 L에 반비례하며 모래층 양단의 수두차에 비례한다고 결론을 내렸으며 이를 Darcy 공식이라고 제안하였다.

$$Q = \frac{KA(h_1 - h_2)}{L} \ [L^3 T^{-1}] \tag{5.4}$$

여기서 비례상수 K는 투수계수, $(h_1 - h_2)/L$는 수리경사(hydraulic gradient)라 한다. 그리고 단위면적당 유속을 비유량 q(specific discharge), 혹은 **Darcy 유속**이라 한다.

$$q = v = \frac{-K\Delta h}{L} \ [LT^{-1}] \tag{5.5}$$

여기서 Δh는 수두강하를 의미하며 $(-)$는 흐름 방향인 L에 대해 수두가 감소되기 때문이다. 유속은 벡터양이고 3축 직각좌표 성분으로 나타내면 다음과 같다.

$$v_x = -K_x \frac{\partial h}{\partial x} \tag{5.6a}$$

$$v_y = -K_y \frac{\partial h}{\partial y} \tag{5.6b}$$

$$v_z = -K_z \frac{\partial h}{\partial z} \tag{5.6c}$$

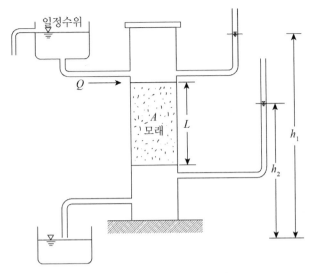

그림 5.4 Darcy 실험 장치침

식 (5.5) 또는 (5.6)은 Darcy 유속이라 알려져 있으며 이것은 단면 A에서 발생되는 가상적인 겉보기유속이다. 실제 흐름은 입자의 공극을 통해서 발생되며 이 유속을 **침윤속도**(seepage velo City) v_v라 하며 실제 공극의 단면 A_v을 이용하여 연속방정식을 적용하면 다음과 같다.

$$Q = Av = A_v v_v \tag{5.7}$$

$$v_v = v\frac{A}{A_v} - v\frac{AL}{A_v L} = v\frac{Vol}{Vol_v} \tag{5.8}$$

식 (5.8)에서 $n = Vol_v / Vol$(공극률)로 정의하면,

$$v_v = \frac{v}{n} \tag{5.9}$$

이고, 여기서 v는 Darcy 유속, v_v는 실제유속(침윤속도), n은 공극률(porosity)이다.

[예제 5.1] 그림과 같이 하천에 평행한 수로가 놓여 있다. 하천의 수위는 EL.63m, 수로의 수위는 EL.60m이고 600m 떨어져 있다. 하천과 수로 사이에 대수층의 두께가 9m이고 투수계수가 0.07m/hr인 층으로 연결되어 있다. 하천에서 수로로 이동하는 단위길이당 유량(m³/day/m)을 구하여라.

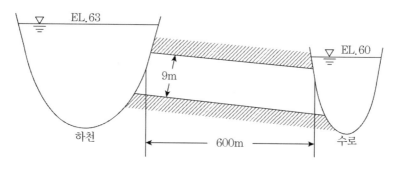

그림 예제 5.1 하천과 평행한 수로로의 흐름

:: 풀이

단위길이당 유량을 식 (5.4)에 의해 구한다.

$$Q = \frac{KA(h_1 - h_2)}{L}$$

$A = 9 \times 1 = 9\text{m}^2$, $K = \left(0.07\frac{\text{m}}{\text{hr}}\right)\left(\frac{24\text{hr}}{1\text{day}}\right) = 1.68\text{m/day}$ 이므로,

$$Q = \frac{1.68(9)(63-60)}{600} = 7.56 \times 10^{-2}\text{m}^3/\text{day/m}$$

식 (5.5)의 Darcy 공식은 토양 내부의 유체 흐름에 모두 적용되지는 않는다. 식 (5.5)에서 유속은 수두경사($\Delta h/L$)에 비례하지만 유속이 커지면 비선형으로 변한다. 이 과정을 그림 5.5에 나타냈으며 유속과 수두경사가 선형으로 비례하는 범위는 흐름이 층류인 경우이다. 즉, Darcy 공식은 흐름이 층류일 때만 적용가능하며 이 기준은 레이놀즈수(Reynolds number)를 이용하여 판별할 수 있다.

$$R_e = \frac{\rho v D}{\mu} \tag{5.10}$$

여기서 ρ는 유체의 밀도, v는 유속, D는 토양 입자의 평균 입경, μ는 점성계수이다.

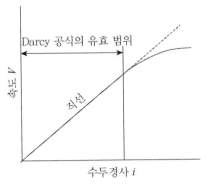

그림 5.5 Darcy 공식의 유효범위

유속이 큰 비선형 변화구간은 난류 상태로서 관성력이 중요한 역할을 하며 와류로 인한 에너지 손실이 발생된다. Darcy 유속 v를 적용한 $R_e < 10$인 층류 흐름 상태에서 Darcy 공식의 적용이 타당하다.

[예제 5.2] 우물의 대수층에 스크린이 설치되어 있으며 우물의 직경이 0.3m이고 대수층 두께가 25m이다. 대수층을 구성하고 있는 입자의 평균입경은 1.5mm이다. 이 우물에서 $0.2\text{m}^3/\text{s}$로 양수할 때 우물 부근에서 Darcy 법칙이 타당한가? 단, 물의 밀도는 1g/cm^3, 점성계수는 $0.01\text{g/cm} \cdot \text{sec}$이다.

:: 풀이

우물을 향해서 유입되는 주변 면적은 (원둘레)(대수층두께)이다. 즉,

$$A = (\pi \times 0.3)(25) = 23.55\text{m}^2$$

Darcy 유속 $V = Q/A = 0.2/23.55 = 8.5 \times 10^{-3}\text{m/s} = 0.85\text{cm/s}$

식 (5.10)에 의해,

$$R_e = \frac{VD\rho}{\mu} = \frac{(0.85)(0.15)(1)}{0.01} = 12.75 > 10$$

레이놀즈 수가 10보다 크므로 층류가 아니고 Darcy 법칙이 타당하지 않다.

(5) 공극률(porosity)

토양 내부는 흙입자, 공기, 물의 3가지 요소로 구분할 수 있으며 이를 그림 5.6에 나타냈다. 공극률 n은 총체적에 대한 공극체적의 비로서 토양 내의 공극체적의 상대적 비율을 나타내는 지표이다.

$$n = \frac{V_f}{V_t} = \frac{V_a + V_w}{V_s + V_A + V_w} \tag{5.11}$$

여기서 V_a = 흙 내의 공기 체적

V_w = 흙 내의 물 체적

V_s = 입자의 체적

$V_f = V_A + V_w$ = 공극의 체적

$V_t = V_s + V_a + V_u$ = 전체 체적

유효공극률(effective porosity)은 실제 지하수 흐름에 기여하는데 연결된 공극의 체적과 총체적의 비이므로 공극률보다 약간 작다.

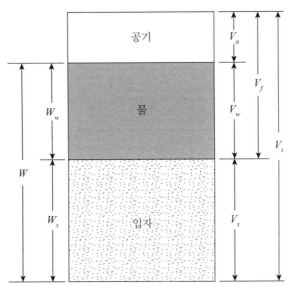

그림 5.6 토양 내부의 구성 요소

(6) 공극비(void ratio)

공극비 e는 토양 내부에서 흙의 순수체적에 대한 공극 체적의 비로서 다음 식으로 표현하며, 토질역학에서 자주 사용된다.

$$e = \frac{V_f}{V_s} = \frac{V_f}{V_t - V_f} = \frac{n}{1-n} \tag{5.12}$$

(7) 포화도(saturation)

토양 내부의 공극 속에 물의 채워진 양에 의해 정의되며 공극 속에 물로 가득 채워진 경우에 포화도 s는 1(최댓값)이 된다.

$$s = \frac{V_w}{V_f} = \frac{V_w}{V_a + V_w} \tag{5.13}$$

(8) 함수량(water content, moisture content)

토양 내부에서 물의 체적과 총체적과의 비로서, 공극이 물로 완전히 충만되면 $s = 1$ 이 되고 최대함수량 θ_s 가 공극률 n 과 같아진다.

$$\theta = \frac{V_w}{V_t} = \frac{V_w}{V_s + V_a + V_w} = \frac{V_w \cdot V_f}{V_f \cdot V_t} = s \cdot n = \frac{s \cdot V_f}{V_t} \tag{5.14}$$

(9) 건조밀도(dry bulk density)

건조밀도 ρ_d 는 총부피에 대한 흙입자 질량과의 비이며 다음 식으로 표현한다.

$$\rho_d = \frac{M_s}{V_t} = \frac{M_s}{V_s + V_a + V_w} \tag{5.15}$$

여기서 M_s 는 입자의 질량이다.

(10) 습윤밀도(wet or total bulk density)

습윤밀도 ρ_w 는 총부피에 대한 총(입자와 물)질량과의 비를 의미하며 다음과 같이 나타낼 수 있다.

$$\rho_w = \frac{M_t}{V_t} = \frac{M_s + M_w}{V_s + V_a + V_w} \tag{5.16}$$

여기서 M_w 는 토양 속 물의 질량이다.

(11) 입자밀도(grain density)

입자밀도 ρ_s 는 입자의 체적에 대한 입자의 질량의 비로서 $\rho_s = M_s / V_s$ 이며 공극률 n 을 입자밀도와 건조밀도로 나타낼 수 있다.

$$n = \frac{V_f}{V_t} = \frac{V_t - V_s}{V_t} = 1 - \frac{V_s}{V_t} = 1 - \frac{M_S}{\rho_s} \frac{\rho_d}{M_s} = 1 - \frac{\rho_d}{\rho_s} \qquad (5.17)$$

(12) 보유수율(保有水率, specific retention)

지하수위가 강하하면 공극 속에 채워진 물이 배제되면서 그 공간은 공기로 대치된다. 그러나 물의 일부는 부착력(물과 고체 사이에 당기는 힘)과 표면장력 때문에 공극 속에 남아 있게 된다. 남아 있는 물의 체적과 총체적과의 비를 보유수율이라 한다.

$$S_r = \frac{V_r}{V_t} \qquad (5.18)$$

여기서 V_r은 부착력과 표면장력에 의해 남아 있는 물의 체적이다. 보유수율은 지하수 수위가 하강하면서 발생되는 경우이므로 비피압대수층에서 나타나는 현상이다.

(13) 비산출량(比産出量, specific yield)

비피압대수층에서 단위 지하수 수위가 하강할 때 단위수평면적당 배제되는 물의 양과 대수층 총체적의 비를 비산출량이라 하며 유효공극률이라고도 한다.

$$S_y = \frac{1}{A} \frac{dV_w}{dh} \qquad (5.19)$$

여기서 A는 수평지표면적, dV_w는 배제된 물의 체적, dh는 수위의 변화이다. 비산출량은 다음에 기술되는 피압대수층에서 저류계수와 유사한 개념이며 대표적인 비산출량 값은 표 5.3과 같다. 토양 속에 남아 있는 물이 있기 때문에 비산출량과 보유수율의 합은 공극률과 같다.

$$n = S_y + S_r \qquad (5.20)$$

표 5.3 대표적인 토양과 암의 비산출량(Todd, 1980)

토양과 암의 종류	비산출량(%)
조립 자갈(Gravel, coarse)	23
중간 자갈(Gravel, medium)	24
세립 자갈(Gravel, fine)	25
조립 모래(Sand, coarse)	27
중간 모래(Sand, medium)	28
세립 모래(Sand, fine)	23
실트(Silt)	8
점토(Clay)	3
세립 사암(Sandstone, fine-grained)	21
중간 사암(Sandstone, medium-grained)	27
석회암(Limestone)	14

(14) 저류계수(storage coefficient)와 비저류상수(specific storage constant)

저류계수는 피압대수층에서 단위 면적에 대해 단위 수두강하가 발생될 때 방출되는 물의 체적을 의미하며, 비피압대수층의 비산출량에 대응하는 변수이다. 피압대수층은 항상 포화상태이며 중력에 의해 발생되는 공극의 배수가 아니라 공극 내의 압력 변화에 의한 것이다.

피압대수층 상부의 무게와 대수층 내의 입자와 물은 평형상태에 있다. 피압대수층의 우물에서 양수를 하는 경우에 공극 내의 수압이 감소된다. 이 결과, 탄성에 의해 입자는 다소 압축되고 물은 팽창하게 된다. 저류된 물이 방출된 것이며 주입에 의해 반대의 과정도 발생될 수 있다. Jacob(1940)이 제시한 저류계수의 해석적 표현은 다음과 같다.

$$S = n\gamma_w b\left(\frac{1}{E_w} + \frac{1}{nE_s}\right) \tag{5.21a}$$

$$S = \rho gb(n\beta + \alpha) \tag{5.21b}$$

여기서 S는 저류계수, b는 대수층의 두께, E_w는 물의 체적탄성계수, E_s는 토양입자의 탄성계수, α는 대수층의 압축률$(1/E_s)$, β는 물의 압축률$(1/E_w)$, n은 공극률이다.

이 식에는 대수층의 두께 b가 포함되어 있기 때문에 이 값에 따라서 저류상수 값이 일정하지 않고 변한다. 이 값을 제거시키기 위해 $b=1$로 놓으면 대수층의 성질을 상수로 나타낼 수 있으며 비저류상수 S_s라 한다. 비저류상수는 단위수두압력강하에서 단위 체적의 대수층으로부터 방출되는 물의 체적으로 정의할 수 있다.

$$S_s = \frac{S}{b} \tag{5.22}$$

[예제 5.3] 피압대수층의 두께가 50m이고 공극률이 0.3일 때 저류계수와 비저류상수 값을 결정하여라. 이때 대수층의 압축률 $\alpha = 1.5 \times 10^{-9} \text{cm}^2/\text{dyne}$, 물의 압축률 $\beta = 5 \times 10^{-10} \text{cm}^2/\text{dyne}$이다.

:: 풀이

저류계수 $S = \rho g b (n\beta + \alpha)$

$$= (980)\frac{\text{dyne}}{\text{cm}^3}(50 \times 100)\text{cm}\,(1.5 \times 10^{-9} + 0.3 \times 5 \times 10^{-10})\frac{\text{cm}^2}{\text{dyne}}$$

$$= 8.09 \times 10^{-3}$$

비저류상수 $S_s = 8.09 \times 10^{-3}/(50 \times 100) = 1.62 \times 10^{-6} \text{cm}^{-1}$

5.2 지하수 흐름 방정식

지하수 흐름의 상태는 2가지로 구분되며 정상상태와 비정상상태 흐름이다. 지하수 흐름에서 정상상태는 수위(비피압대수층)나 수두(피압대수층)가 어떤 위치에서 시간에 따라 변하지 않는 것이고 비정상상태는 수위나 수두가 시간에 따라서 변한다. 지하수 흐름에 대한 기본방정식은 Darcy 법칙이고 지하수 흐름에 대한 일반적인 방정식은 질량보존의 법칙에 근거를 둔 연속방정식이다. 지하수 흐름 방정식에는 Darcy 법칙, 연속방정식, 저류성분이 포함되며 피압대수층과 비피압대수층으로 구분하여 적용한다.

5.2.1 피압대수층

그림 5.7과 같이 미소 직육면체에 질량보존 법칙을 적용하자. 직육면체 내부로 유입되는 질량유량과 외부로 유출되는 질량유량과의 차는 내부의 질량변화율과 같다. 이를 식으로 나타내기 위해 우선 x 방향에 대해 면 1을 통해 유입되는 질량유량은,

$$(\rho Q_x)_1 \text{ 또는 } (\rho u)_1 \Delta y \Delta z \tag{5.23}$$

이고, 면 2를 통해 유출되는 질량유량은,

$$(\rho Q_x)_2 \text{ 또는 } (\rho u)_2 \Delta y \Delta z \tag{5.24}$$

이다. 여기서 u는 x 방향에 대한 유속이다. ρu가 연속함수라면 $(\rho u)_2$는 Taylor 전개에 의해 $(\rho u)_1$항으로 확장하여 나타낼 수 있다.

$$(\rho u)_2 = (\rho u)_1 + \frac{\partial (\rho u)}{\partial x} \Delta x + \frac{1}{2} \frac{\partial^2 (\rho u)}{\partial x^2} (\Delta x)^2 + \cdots \tag{5.25}$$

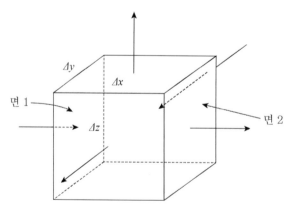

그림 5.7 피압대수층의 연속방정식 유도

식 (5.25)에서 처음 2개 항만 취하고 나머지는 미소량이므로 무시한다.

$$(\rho u)_2 = (\rho u)_1 + \frac{\partial(\rho u)}{\partial x}\Delta x \tag{5.26}$$

식 (5.23)과 (5.24), (5.26)으로부터 x방향의 내부 질량에 대한 순수한 변화량은 유입량과 유출량의 차이다.

$$(\rho u)_1 \Delta y \Delta z - \left[(\rho u)_1 + \frac{\partial(\rho u)}{\partial x}\Delta x\right]\Delta y \Delta z b = -\frac{\partial(\rho u)}{\partial x}\Delta x \Delta yz \tag{5.27}$$

y방향과 z방향에 대해서도 같은 방법을 적용하여 합해 주면 미소직육면체 내부 수분 질량 M의 변화율과 같다. y방향과 z방향에 대한 유속을 각각 v, w라 하자.

$$\frac{\partial(\rho u)}{\partial x}\Delta x \Delta y \Delta z + \frac{\partial(\rho v)}{\partial y}\Delta x \Delta y \Delta z + \frac{\partial(\rho w)}{\partial z}\Delta x \Delta y \Delta z = -\frac{\partial M}{\partial t} \tag{5.28}$$

여기서 M은 미소직육면체 내부 수분의 질량이며, 이 식을 정리하면 피압대수층에 대한 연속방정식이다.

$$\frac{\partial(\rho u)}{\partial x} + \frac{\partial(\rho v)}{\partial y} + \frac{\partial(\rho w)}{\partial z} + \frac{1}{\Delta x \Delta y \Delta z}\frac{\partial M}{\partial t} = 0 \tag{5.29}$$

요소 내의 수분질량 M은

$$M = \rho n \Delta x \Delta y \Delta z \tag{5.30}$$

이다. 압축과 팽창은 x, y 방향에 관계없이 오직 z방향에 대해서만 발생된다. 그러므로 질량 변화율은

$$\frac{\partial M}{\partial t} = \left[n\Delta z \frac{\partial \rho}{\partial t} + \rho \Delta z \frac{\partial n}{\partial t} + \rho n \frac{\partial (\Delta z)}{\partial t} \right] \Delta x \Delta y \tag{5.31}$$

오른편의 첫 번째 항은 물의 압축과 관계있고, 두 번째와 세 번째 항은 흙 입자의 압축과 관계있다. Marino & Luthin(1982)은 이 식을 다음과 같이 간단하게 나타냈다.

$$\frac{\partial M}{\partial t} = (\alpha + n\beta)\rho \Delta x \Delta y \Delta z \frac{\partial p}{\partial t} \tag{5.32}$$

여기서 p는 압력으로 $p = \gamma h$이다. 그러므로 이 식은,

$$\frac{\partial M}{\partial t} = (\alpha + n\beta)\rho \Delta x \Delta y \Delta z \gamma \frac{\partial h}{\partial t} \tag{5.33}$$

$$\frac{\partial M}{\partial t} = \rho S_s \Delta x \Delta y \Delta z \frac{\partial h}{\partial t} \tag{5.34}$$

여기서 $S_s = \rho g(\alpha + n\beta)$이다. 연속방정식 식 (5.29)의 첫 번째 항은 다음과 같다.

$$\frac{\partial (\rho u)}{\partial x} = \rho \frac{\partial u}{\partial x} + u \frac{\partial \rho}{\partial x} \tag{5.35}$$

이 식의 오른편의 두 번째 항은 유체밀도 변화와 관련이 있는 항으로 첫 번째 항에 비해 매우 작기 때문에 무시하면,

$$\frac{\partial (\rho u)}{\partial x} \fallingdotseq \rho \frac{\partial u}{\partial x} \tag{5.36}$$

이다. 식 (5.6)의 Darcy 속도를 적용하여 이 식을 다시 정리하면,

$$\frac{\partial(\rho u)}{\partial x} = \rho \frac{\partial u}{\partial x} = -\rho \frac{\partial}{\partial x}\left(K_x \frac{\partial h}{\partial x}\right) \tag{5.37a}$$

이다. y방향과 z방향에 대해서 동일한 방법으로 적용하면 다음과 같다.

$$\frac{\partial(\rho u)}{\partial y} = -\rho \frac{\partial}{\partial y}\left(K_y \frac{\partial h}{\partial y}\right) \tag{5.37b}$$

$$\frac{\partial(\rho w)}{\partial z} = -\rho \frac{\partial}{\partial z}\left(K_z \frac{\partial h}{\partial z}\right) \tag{5.37c}$$

피압대수층의 연속방정식인 식 (5.29)에 식 (5.34)와 (5.37)을 대입하여 정리하면,

$$\frac{\partial}{\partial x}\left(K_x \frac{\partial h}{\partial x}\right) + \frac{\partial}{\partial y}\left(K_y \frac{\partial h}{\partial y}\right) + \frac{\partial}{\partial z}\left(K_z \frac{\partial h}{\partial z}\right) = S_s \frac{\partial h}{\partial t} \tag{5.38}$$

입자가 비균질(nonhomogeneous)이고, 비등방성(anisotropic)인 피압대수층에 대한 지하수흐름의 지배방정식이다. 흙 입자가 균질(homogeneous), 비등방성(anisotropic)인 피압대수층이라면 지하수흐름의 지배방정식은

$$K_x \frac{\partial^2 h}{\partial x^2} + K_y \frac{\partial^2 h}{\partial y^2} + K_z \frac{\partial^2 h}{\partial z^2} = S_s \frac{\partial h}{\partial t} \tag{5.39}$$

이다. 만일 입자가 균질하고 등방성인 경우에 $K = K_X = K_y = K$이므로,

$$\frac{\partial^2 h}{\partial x^2} + \frac{\partial^2 h}{\partial y^2} + \frac{\partial^2 h}{\partial z^2} = \frac{S_s}{K} \frac{\partial h}{\partial t} \tag{5.40}$$

비저류상수 S_s와 저류계수 S의 관계인 $S_s = \dfrac{S}{b}$를 식 (5.40)에 적용하면,

$$\frac{\partial^2 h}{\partial x^2} + \frac{\partial^2 h}{\partial y^2} + \frac{\partial^2 h}{\partial z^2} = \frac{S}{Kb}\frac{\partial h}{\partial t} = \frac{S}{T}\frac{\partial h}{\partial t} \tag{5.41}$$

이다. 여기서 $T(=Kb)$는 대수층의 투수량계수(전달계수, transmissivity)라 한다. 이 식은 피압대수층 지하수흐름에 대한 지배방정식으로서 비평형방정식(nonequilibrium equation)이라고도 한다.

피압대수층 단위부피당 유량 $W(x,\ y,\ z,\ t)$를 양수(discharge) 혹은 함양(recharge)하는 경우에 지하수흐름에 대한 지배방정식은 다음과 같다.

$$\frac{\partial}{\partial x}\left(K_x\frac{\partial h}{\partial x}\right) + \frac{\partial}{\partial y}\left(K_y\frac{\partial h}{\partial y}\right) + \frac{\partial}{\partial x}\left(K_z\frac{\partial h}{\partial z}\right) \pm W(x,\ y,\ z,\ t) = S_s\frac{\partial h}{\partial t} \tag{5.42}$$

만일 수두가 시간에 따라 변하지 않는 정상상태라 하면 식 (5.41)은,

$$\frac{\partial^2 h}{\partial x^2} + \frac{\partial^2 h}{\partial y^2} + \frac{\partial^2 h}{\partial z^2} = \nabla^2 h = 0 \tag{5.43}$$

이 된다. 이 식을 Laplace 방정식이라 부른다.

[예제 5.4] 그림과 같이 대수층의 두께가 D이며 x 방향 흐름만 존재하고 정상상태일 때 임의의 x 지점에서 단위폭당 유량을 구하여라.

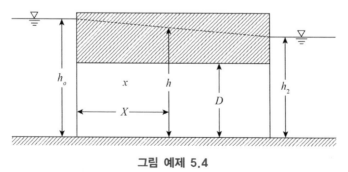

그림 예제 5.4

:: 풀이

1차원 흐름에 대한 지배방정식은

$$\frac{\partial^2 h}{\partial x^2} = 0 \tag{1}$$

이에 대한 일반해(두 번 적분)는

$$h = Ax + B \tag{2}$$

경계조건을 $x = 0$에서 $h = h_0$를 대입하면,

$$h_0 = A \times 0 + B, \ B = h_0 \tag{3}$$

식 (2)를 미분하면,

$$\frac{dh}{dx} = A \tag{4}$$

Darcy 법칙에서 단위폭당 유량은,

$$q = -KD\frac{dh}{dx} \tag{5}$$

식 (4)를 (5)에 대입하여 정리하면,

$$A = -\frac{q}{KD} \tag{6}$$

식 (3)과 (6)을 식 (2)에 대입하여 q에 대해 정리하면,

$$h = -\frac{q}{KD}x + h_0, \ q = KD\frac{h_0 - h}{x} \tag{7}$$

5.2.2 비피압대수층

비피압대수층(자유수면대수층)흐름의 지배방정식도 피압대수층에서 유도한 방법과 유사하다. 이 흐름은 자유수면을 갖기 때문에 수면에 대기압이 작용하므로 물의 압축은 고려하지 않는다. 즉, 물의 밀도를 상수로 취급할 수 있다. 비피압대수층의 연속방정식 은 Dupuit 가정을 적용하여 유도하는 것이 편리하다. Dupuit 가정은 다음과 같다.

:: 가정 1

연직면에 대해 흐름은 수평이다(그림 5.8 참조). 흐름은 등포텐셜선에 직각으로 발생 되므로 실제 흐름은 수평이 아니지만 연직면에 직각인 수평 방향으로 가정한다. 또한 자유수면에서의 실제 유속은 흐름방향이지만 실제 적용하기가 어렵기 때문에 수평방향 에 대해 Darcy 공식을 적용한다. 이때 유속은 $v = -K\frac{\partial h}{\partial x}$ (실제 흐름이 s방향이라면 유속 $v = -K\frac{\partial h}{\partial s}$)이다.

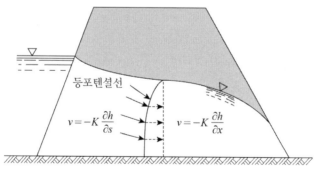

그림 5.8 Dupuit 가정

:: 가정 2

연직면에 연하여 유속 분포는 깊이에 관계없이 일정하다. 실제 유속분포는 깊이에 따라 다르지만 일정한 것으로 가정한다.

이와 같은 가정하에서 비피압대수층 내 흐름의 지배방정식을 유도하기 위해 그림 5.9와 같이 전영역이 포화된 미소요소를 고려하고 연직방향 흐름은 무시할 수 있으므로 2차원 흐름으로 해석한다.

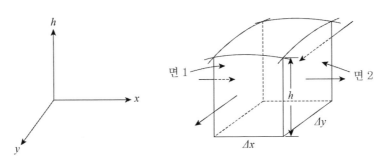

그림 5.9 비피압대수층의 연속방정식 유도

Dupuit 가정에 따라 연직방향에 대한 흐름은 없고 가정에 의해 수평방향에 대해 Darcy 법칙을 적용하면,

$$Q_x = -K_x \frac{\partial h}{\partial x} h \Delta y \tag{5.44a}$$

$$Q_{x\backslash y} = -K_y \frac{\partial h}{\partial y} h \Delta y \tag{5.44b}$$

이다. 물의 압축성을 무시하면 연속방정식을 유량으로 표현할 수 있다. x축 방향에 대해 질량 유량의 유입량과 유출량의 차이는

$$\rho Q_{x1} - \rho \left[Q_{x1} + \frac{\partial Q_x}{\partial x} \Delta x \right] = -\rho \frac{\partial Q_x}{\partial x} \Delta x \tag{5.45a}$$

이며, 같은 방법으로 y축 방향에 대해 유입량과 유출량의 차이는

$$-\rho\frac{\partial Q_y}{\partial y}\Delta y \tag{5.45b}$$

이다. 대상 체적에 대한 유입량과 유출량의 총변화량은,

$$-\rho\left[\frac{\partial Q_x}{\partial x}\Delta x+\frac{\partial Q_y}{\partial y}\Delta y\right]=\frac{\partial M_w}{\partial t} \tag{5.46}$$

이고 $M_w=\rho S_y h\Delta x\Delta y$이다. 여기서 S_y는 비산출량(specific yield)이다. 식 (5.44)를 식 (5.46)에 대입하여 재정리하면 다음과 같다.

$$\frac{\partial}{\partial x}\left(K_x h\frac{\partial h}{\partial x}\right)\Delta x\Delta y+\frac{\partial}{\partial y}\left(K_y h\frac{\partial h}{\partial y}\right)\Delta x\Delta y=S_y\frac{\partial h}{\partial y}\Delta x\Delta y \tag{5.47a}$$

$$\frac{\partial}{\partial x}\left(K_x h\frac{\partial h}{\partial x}\right)+\frac{\partial}{\partial y}\left(K_y h\frac{\partial h}{\partial y}\right)=S_y\frac{\partial h}{\partial t} \tag{5.47b}$$

이 식을 비선형 Boussinesq 방정식이라 부르며 비피압대수층 내 흐름에 대한 지배방정식이다. 이 식을 선형화하기 위해 수심 h에 비해 수심의 변화가 크지 않다면 대수층의 평균 두께 $\overline{h}$로 대치하여 선형화시킬 수 있다.

$$K_x\frac{\partial^2 h}{\partial x^2}+K_y\frac{\partial^2 h}{\partial y^2}=\frac{S_y}{\overline{h}}\frac{\partial h}{\partial t} \tag{5.48}$$

이 식은 피압대수층 내 흐름의 지배방정식과 동일한 형태로 변하였으며, 단지 저류항만 달라졌다.

만일 정상류이고 자유수면에서 보충되는 유입량이 있다면 식 (5.47b)는 다음과 같이 나타낼 수 있다.

$$\frac{\partial}{\partial x}\left(K_x h \frac{\partial h}{\partial x}\right)+\frac{\partial}{\partial y}\left(K_y h \frac{\partial h}{\partial y}\right)+W=0 \qquad (5.49)$$

여기서 W는 자유수면으로부터 보충되는 유입량이며 단위면적당 유량이다. 자유수면으로 보충되는 유입량은 강우나 관개에 의한 것일 수 있다. 만일 대수층의 입자가 균질이고 등방인 경우($K_x = K_y = K_z = K$)에는 다음과 같이 간단하게 나타낼 수 있다.

$$\frac{\partial}{\partial x}\left(h \frac{\partial h}{\partial x}\right)+\frac{\partial}{\partial y}\left(\frac{\partial h}{\partial y}\right)+\frac{W}{K}=0 \qquad (5.50)$$

$$\frac{1}{2}\frac{\partial}{\partial x}\left(\frac{\partial h^2}{\partial x}\right)+\frac{1}{2}\frac{\partial}{\partial y}\left(\frac{\partial h^2}{\partial y}\right)+\frac{W}{K}=0 \qquad (5.51a)$$

$$\nabla^2 h^2 + \frac{2W}{K}=0 \qquad (5.51b)$$

이 식은 비피압대수층에서 정상상태 흐름에 대한 지배방정식이다.

[예제 5.5] 그림과 같이 비피압대수층에 대해 1차원 흐름이 존재할 때 x지점에서 단위폭당 유량을 구하여라.

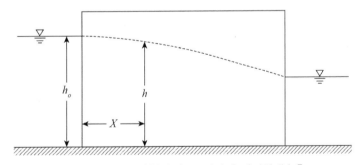

그림 예제 5.5 하천과 수로 사이의 비피압대수층

$$\frac{d^2 h^2}{dx^2}=0 \qquad (1)$$

식 (1)을 두 번 적분하면,

$$h^2 = Ax + B \tag{2}$$

그림에서 경계조건 $x = 0$에서 $h = h_0$를 적용하면,

$$B = h_0^2 \tag{3}$$

식 (2)를 한 번 미분하면,

$$2h \frac{dh}{dx} = A \tag{4}$$

식 (3)과 (4)를 식 (2)에 대입하여 정리하면,

$$\frac{dh}{dx} = \frac{h^2 - h_0^2}{2hx} \tag{5}$$

유량공식은 $Q = -Kh \dfrac{dh}{dx}$ 이므로 식 (5)를 대입하면,

$$Q = Kh \frac{h_0^2 - H^2}{2hx} = \frac{K}{2}(h_0^2 - h^2) \tag{6}$$

5.3 우물 수리학

대수층에 우물을 굴착하여 양수하는 경우에 정수압 차이에 의해 우물 주변 대수층에서 우물로 물이 유입된다. 우물 주변의 지하수위는 우물의 경계에서 강하가 시작되어 점점 멀리 전파된다. 강하된 수위를 그리면 깔때기 모양이 유지되는데 이를 수면강하곡선이라 한다. 우물에서 장기간 양수하여 더 이상 수면강하가 발생되지 않는 범위까지를 영향원(혹은 영향반경)이라 한다.

우물에서 양수하여 수위강하가 발생되다가 더 이상 변화가 없는 상태에 이르면 이를

정상상태(혹은 평형상태)라 한다. 어떤 우물은 장기간 양수하여도 계속해서 수면강하가 발생된다. 즉, 시간에 따라 수면강하곡선이 변하는 경우를 부정류상태(비평형상태)라 한다. 평형상태와 비평형상태에 대해 각각 피압대수층과 비피압대수층으로 구분하여 공부한다.

5.3.1 정상상태의 우물 수리학

(1) 피압대수층

균질하고 등방성인 대수층의 우물에서 양수하는 경우에 물은 우물 중심으로 향하여 흐른다. 그림 5.10과 같이 우물은 대수층 바닥까지 설치되어 있으며 대수층 두께를 통해 물이 유입된다. 우물에서 수두손실은 매우 작기 때문에 무시한다. 정상상태인 피압대수층의 지배방정식은 식 (5.43)에 유도되어 있는데 2차원으로 표현하면 다음과 같다.

$$\frac{\partial^2 h}{\partial x^2} + \frac{\partial^2 h}{\partial y^2} = 0 \tag{5.52}$$

이 식은 직각좌표계(Cartesian coordinates)를 사용하여 표현된 것이며 극좌표계(polar coordinates)를 이용하면 편리하게 해석된다. 흐름은 중심의 한 방향으로만 존재한다.

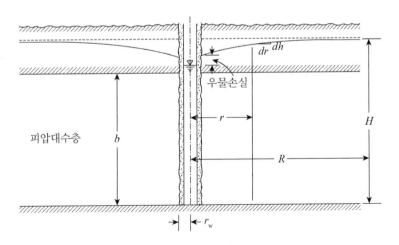

그림 5.10 피압대수층의 우물

그림 5.11을 참고하여 극좌표로 변환시키기 위해 필요한 관계식은 다음과 같다.

$$x = r\cos\theta$$

$$y = r\sin\theta$$

$$r = \sqrt{x^2 + y^2}$$

$$\theta = \tan^{-1}\frac{y}{x}$$

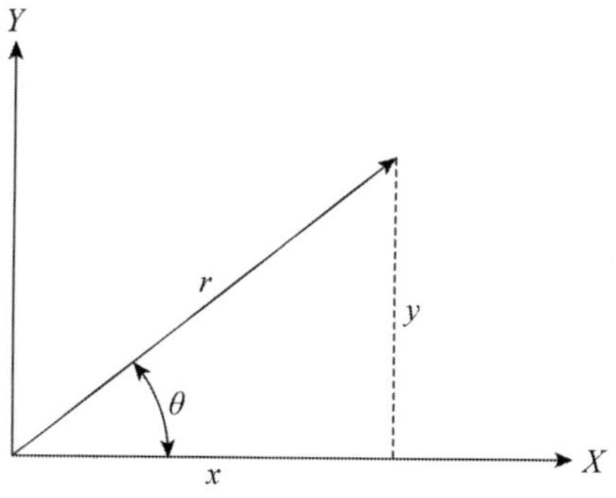

그림 5.11 극좌표계

이들 식과 미분 chain 규칙을 이용하여 식 (5.52)의 각항을 표현하면 다음과 같다.

$$\frac{\partial^2 h}{\partial x^2} = \frac{x^2}{r^2}\frac{\partial^2 h}{\partial r^2} + \frac{y^2}{r^3}\frac{\partial h}{\partial r} + \frac{y^2}{r^4}\frac{\partial^2 h}{\partial \theta^2} - \frac{2xy}{r^4}\frac{\partial h}{\partial \theta}$$

$$\frac{\partial^2 h}{\partial y^2} = \frac{y^2}{r^2}\frac{\partial^2 h}{\partial r^2} + \frac{x^2}{r^3}\frac{\partial h}{\partial r} + \frac{x^2}{r^4}\frac{\partial^2 h}{\partial \theta^2} + \frac{2xy}{r^4}\frac{\partial h}{\partial \theta}$$

이 식을 식 (5.52)에 대입하여 정리하면,

$$\frac{\partial^2 h}{\partial r^2} + \frac{1}{r}\frac{\partial h}{\partial r} + \frac{1}{r^2}\frac{\partial^2 h}{\partial \theta^2} = 0 \tag{5.53}$$

이다. 지하수층의 흐름은 수평이며 좌표의 원점으로 향하기 때문에 θ와 무관하므로 이 관계를 반영하여 나타내면 다음과 같다.

$$\frac{d^2 h}{dr^2} + \frac{1}{r}\frac{dh}{dr} = 0 \tag{5.54}$$

식 (5.54)를 다른 형태로 나타내면,

$$\frac{1}{r}\frac{d}{dr}\left(r\frac{dh}{dr}\right) = 0 \tag{5.55}$$

이다. r과 h의 관계는 식 (5.55)를 적분하고 경계조건을 대입하여 적분상수를 결정하면 해결된다. 그리고 정상상태일 때 우물 주변에서 유입되는 유량은 우물의 양수량과 동일하기 때문에 Darcy 공식을 이용하여 나타내면 다음과 같다.

$$Q = 2\pi r b K \frac{dh}{dr} \tag{5.56}$$

여기서 b는 대수층의 두께이고 이 식의 형태를 바꾸면,

$$r\frac{dh}{dr} = \frac{Q}{2\pi b K} \tag{5.57}$$

이다. 식 (5.57)을 정리하여 적분하면 다음과 같다.

$$dh = \frac{Q}{2\pi b K}\frac{1}{K}dr$$

$$h = \frac{Q}{2\pi b K}\ln r + C \tag{5.58}$$

우물로부터 R만큼 떨어진 곳의 경계에서 수두는 H로서 초기 수두이다. 이 조건을 대입하여 적분상수 C를 결정할 수 있다.

$$H = \frac{Q}{2\pi b K}\ln R + C$$

$$C = H - \frac{Q}{2\pi bK} \ln R \tag{5.59}$$

이 식을 식 (5.58)에 대입하여 정리하면,

$$H - h = \frac{Q}{2\pi bK} \ln \frac{R}{r} \tag{5.60}$$

이다. 여기서 $T = bK$이며 T를 대수층의 전달계수라 하며 이 식을 Theim의 (평형)방정식이라 부른다. 이 식을 이용하여 현장에서 양수시험을 통해서 대수층의 특성변수인 투수계수 혹은 전달계수를 결정할 수 있다.

[예제 5.6] 우물 주변에 15m와 60m 떨어진 곳에 관측정이 설치된 피압대수층의 우물에서 $Q = 0.1\text{m}^3/\text{s}$로 장기간 양수하였더니 두 관측정에서 측정된 수위 차가 1.2m로 일정하였다. 대수층의 전달계수를 결정하여라.

:: 풀이

식 (5.60)을 이용하여 나타내면,

$$
\begin{aligned}
T = bK &= \frac{Q}{2\pi(H-h)} \ln \frac{R}{r} \\
&= \frac{0.1}{2\pi(1.2)} \ln \frac{60}{15} \\
&= 0.018\text{m}^2/\text{s}
\end{aligned}
$$

[예제 5.7] 피압대수층의 평균 두께가 20m, 직경이 0.5m인 우물에서 초기 수위가 40m일 때 $Q = 0.2\text{m}^3/\text{s}$로 양수하였다. 관측정은 우물에서 15m와 60m 떨어진 곳에 설치되었으며 양수 후에 수두강하가 각각 5m, 3m로 일정하게 유지되었다. 이 대수층의 투수계수와 우물에서 수위강하량을 구하여라.

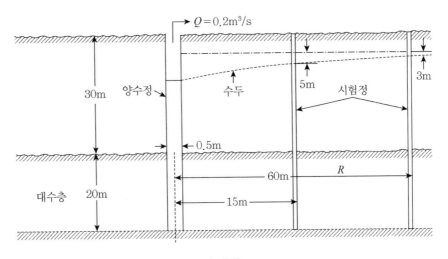

그림 예제 5.7

:: 풀이

식 (5.60)을 이용하여 구하면,

$$37 - 35 = \frac{0.2}{2\pi(20)K} \ln \frac{60}{15}$$

$$K = 1.02 \times 10^{-3} \text{m/s}$$

우물에서 수위를 h라 하면,

$$35 - h = \frac{0.2}{2\pi(20)(1.02 \times 10^{-3})} \ln \frac{15}{0.25}$$

$$h = 28.61 \text{m}$$

(2) 비피압대수층

비피압대수층의 지배방정식을 유도하여 식 (5.51)에 나타냈으며 지표로부터 침투가 없는 경우에 이 식을 원주좌표 $h(r, \theta, z)$로 변환시키면 다음과 같다.

$$\frac{1}{r}\frac{\partial}{\partial r}\left(r\frac{\partial h^2}{\partial r}\right) + \frac{1}{r^2}\frac{\partial^2 h^2}{\partial \theta^2} + \frac{\partial^2 h^2}{\partial z^2} = 0 \tag{5.61}$$

피압대수층에서와 같이 θ와 z방향의 흐름을 무시하면 식 (5.61)은 다음과 같이 간단한 상미분방정식이 된다.

$$\frac{1}{r}\frac{d}{dr}\left(r\frac{dh^2}{dr}\right) = 0 \tag{5.62}$$

$r \neq 0$일 때 이 식을 적분하면,

$$r\frac{dh^2}{dr} = C_1 \tag{5.63}$$

이다. 그림 5.12와 같은 비피압대수층에서 유량 Q는 다음과 같다.

$$Q = 2\pi r K h \frac{dh}{dr} = \pi K\left(r\frac{dh^2}{dr}\right) \tag{5.64}$$

식 (5.64)를 식 (5.63)의 왼쪽 항과 같은 형태로 변환하여 비교하면 적분 상수 C_1값은,

$$C_1 = \frac{Q}{\pi K}$$

이다. 이 값을 식 (5.63)에 대입하고 h^2에 대해 적분하면,

$$h^2 = \frac{Q}{\pi K}\ln r + C = \frac{Q}{\pi K}\ln(r/r_w) + h_w^2 \tag{5.65}$$

이다. 우물에서 경계조건이 주어지면 적분상수 C를 결정하고 구하려는 Q 또는 h를 결정할 수 있다.

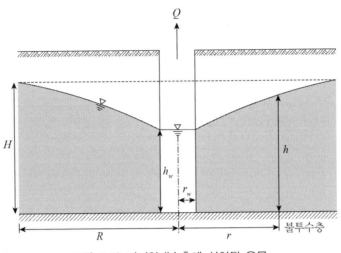

그림 5.12 비피압대수층에 설치된 우물

[예제 5.8] 반지름이 r_w인 비피압 우물에서 일정한 유량 Q로 양수할 때, 우물에서 수위 h_w와 우물중심에서 우물 영향반경 r_e만큼 떨어진 곳에서 수위 H(초기 수위와 같음)가 일정하였다. 이 지하수층의 투수계수 K를 결정하여라.

:: 풀이

반지름이 r_w이고 수위가 h_w일 때 $h_w^2 = \dfrac{Q}{\pi K}\ln r_w + C$ (1)

반지름이 r_e이고 수위가 H일 때 $H^2 = \dfrac{Q}{\pi K}\ln r_e + C$ (2)

식 (2)에서 식 (1)을 제하고 투수계수 K에 대해 정리하여 구한다.

$$H^2 - h_w^2 = \frac{Q}{\pi K}\ln\frac{r_e}{r_w}$$

$$K = \frac{Q}{\pi (H^2 - h_w^2)} \ln \frac{r_e}{r_w}$$

5.3.2 비정상상태의 우물 수리학

앞에서 지하수 비정상류의 지배방정식 식 (5.41)과 식 (5.47)을 피압대수층과 비피압 대수층에 대해 유도하고 정상상태의 해를 제시하였다. 이 절에서는 비정상상태 대수층 흐름에 대한 지배방정식의 해를 구하는 방법에 대해 기술한다.

(1) 피압대수층

우물에서 양수를 하는 동안에 우물 주변의 지하수 수위가 계속해서 감소되고 있는 비평형상태가 유지되고 있다. 해를 구하기 위해 식 (5.41)을 극좌표계로 변환하면,

$$\frac{\partial^2 h}{\partial r^2} + \frac{1}{r}\frac{\partial h}{\partial r} = \frac{S}{T}\frac{\partial h}{\partial t} \tag{5.66}$$

이 된다. 이 식을 수면강하량 s를 사용하여 나타내면,

$$\frac{\partial^2 s}{\partial r^2} + \frac{1}{r}\frac{\partial s}{\partial r} = \frac{S}{T}\frac{\partial s}{\partial t} \tag{5.67}$$

이다. Boltzman 변수($u = \frac{r^2 S}{4Tt}$)를 이용하여 이 식을 변환하면 상미분방정식 형태로 변환된다. Theis는 식 (5.57)의 해를 구하기 위해 다음과 같은 가정하에서 지하수 흐름 이 열전달과 유사하다는 근거를 두고 해를 구하였다.

   (1) 대수층은 균질하고 등방성이며 무한하게 넓다.
   (2) 대수층의 전달계수는 일정하다.

(3) 물은 대수층에 저류된 곳으로부터 유입되고 수두강하와 동시에 물이 흐른다.

(4) 우물은 대수층의 전두께에 대해 굴착되고 우물의 직경은 매우 작아 우물 내의 저류는 무시한다.

(5) 양수량은 일정하고 초기의 지하수 수위와 흐름은 수평이다.

이와 같은 가정과 다음과 같은 초기조건과 경계조건을 적용하여 해를 구한다.

(1) 시간 $t = 0$일 때 우물 중심과 주변에서 수두강하량 $s = 0$,

(2) 시간 $t > 0$일 때 $r \to \infty$에서 수두강하량 $s = 0$,

$$s = H - h = \frac{Q}{4\pi T} \int_u^\infty \frac{e^{-u}}{u} d \tag{5.68}$$

$$\text{여기서, } u = \frac{r^2 S}{4 Tt} \tag{5.69}$$

이 식을 Theis 식, 혹은 Theis의 비평형식이라 부른다. 식 (5.68)의 적분은 지수적분이며 우물함수(well function) W라 한다. 이 적분은 급수형태로 나타낼 수 있으며 이 값은 u에 대한 함수로서 다음과 같다.

$$W(u) = \int_u^\infty \frac{e^{-u}}{u} du = -0.5772 - \ln u + u - \frac{u^2}{2 \cdot 2!} + \frac{u^3}{3 \cdot 3!} - \cdots \tag{5.70}$$

u에 대한 우물함수 $W(u)$값을 표 5.4에 제시하였다. 수두강하량 s는,

$$s = \frac{Q}{4\pi T} \left[-0.5772 - \ln u + u - \frac{u^2}{2 \cdot 2!} + \frac{u^3}{3 \cdot 3!} - \cdots \right] \tag{5.71}$$

이다. 식 (5.61)을 이용하면 비정상상태의 지하수 흐름에서 거리 r과 시간 t에 따라서 수위강하를 구할 수 있다.

표 5.4 우물함수 $W(u)$ 값

u	1.0	2.0	3.0	4.0	5.0	6.0	7.0	8.0	9.0
	0.219	0.049	0.013	0.0038	0.0011	0.00036	0.00012	0.000038	0.00
$\times 10^{-1}$	1.82	1.22	0.91	0.70	0.56	0.45	0.37	0.31	0.26
$\times 10^{-2}$	4.04	3.35	2.96	2.68	2.47	2.30	2.15	2.03	1.92
$\times 10^{-3}$	6.33	5.64	5.23	4.95	4.73	4.54	4.39	4.26	4.14
$\times 10^{-4}$	8.63	7.94	7.53	7.25	7.02	6.84	6.69	6.55	6.44
$\times 10^{-5}$	10.94	10.24	9.84	9.55	9.33	9.14	8.99	8.86	8.74
$\times 10^{-6}$	13.24	12.55	12.14	11.85	11.63	11.45	11.29	11.16	11.04
$\times 10^{-7}$	15.54	14.85	14.44	14.15	13.93	13.75	13.60	13.46	13.34
$\times 10^{-8}$	17.84	17.15	16.74	16.46	16.23	16.05	15.90	15.75	15.65
$\times 10^{-9}$	20.15	19.45	19.05	18.76	18.54	18.35	18.20	18.07	17.95
$\times 10^{-10}$	22.45	21.76	21.35	21.06	20.84	20.66	20.50	20.37	20.25
$\times 10^{-11}$	24.75	24.06	23.65	23.36	23.14	22.96	22.81	22.67	22.55
$\times 10^{-12}$	27.05	26.36	25.96	25.67	25.44	25.26	25.11	24.97	24.86
$\times 10^{-13}$	29.36	28.66	28.26	27.97	27.75	27.56	27.41	27.28	27.16
$\times 10^{-14}$	31.66	30.97	30.56	30.27	30.05	29.87	29.71	29.58	29.46
$\times 10^{-15}$	33.96	33.27	32.86	32.58	32.35	32.17	32.02	31.88	31.76

Cooper-Jacob은 식 (5.58)에서 $u \leq 0.01$일 때 식 (5.61)에서 괄호 안의 2개 항만 고려하여 수두강하량을 간단하게 구할 수 있도록 하였다.

$$S = \frac{Q}{4\pi T}[-0.5772 - \ln u] \tag{5.72}$$

$$= \frac{Q}{4\pi T}\ln\left[\frac{2.25\,Tt}{r^2 S}\right]$$

이 식을 상용로그($\ln x = 2.303\log x$)로 나타내면,

$$s = \frac{2.3\,Q}{4\pi T}\log\left[\frac{2.25\,Tt}{r^2 S}\right] \tag{5.73}$$

이다.

식 (5.71, 5.73)과 같이 피압우물에서 유량 Q로 일정하게 양수할 때 비정상태의 지하수 흐름에서 수두강하량을 구하는 방법에 대해 기술하였다. 이 과정에서 대수층의 특

성 변수인 전달계수 t와 저류계수 s가 알려져 있어야 한다. 이 값들이 알려져 있지 않으면 양수시험에 의해 대수층의 특성변수를 결정할 수 있다.

a) Theis 유형곡선을 이용한 T, S 결정

식 (5.68)과 (5.69)를 다시 나타내면,

$$s = \left[\frac{Q}{4\pi T} \right] W(u) \tag{5.74}$$

$$\frac{r^2}{t} - \left[\frac{4T}{S} \right] u \tag{5.75}$$

이고, 여기서 $W(u)$는

$$W(u) = \int_u^\infty \frac{e^{-u}}{u} du \tag{5.76}$$

이다. 우물에서 양수량 Q, 대수층의 특성변수 T와 S는 상수이므로 식 (5.74)와 (5.75)에서 [ ]의 값은 상수이다. 이 식들로부터 u는 오직 r^2/t에 의해 변하며, s는 오직 $W(u)$에 의해 변한다. 그러므로 s가 r^2/t에 의해 변하는 형태는 $W(u)$가 u에 의해서 변하는 형태와 동일하다. 전대수지 용지에 $W(u)$를 세로축에, u를 가로축에 그리면 유형곡선(type curve)을 얻을 수 있다. 같은 방법으로 수면강하량 s를 세로축에, r^2/t을 가로축에 그리면 자료곡선(data curve)을 얻을 수 있다. 2개의 그림을 겹쳐서 그림의 형태가 일치하도록 상하좌우로 조정한다. 이는 단지 $\frac{Q}{4\pi T}$와 $\frac{4T}{S}$만큼 서로 수평, 또는 수직으로 이동한 것뿐이다. 그림 5.13에서 두 곡선이 일치하는 부분에서 임의의 한 점을 선택한다. 이 점을 matching point라 하며 이 점에서 $W(u)$, u, s, r^2/t의 값을 동시에 읽어서 식 (5.74)와 (5.75)를 이용하여 전달계수 T와 저류계수 S를 결정한다.

$$T = \frac{Q}{4\pi s} W(u) \qquad (5.77)$$

$$S = 4\,Tut/r^2 \qquad (5.78)$$

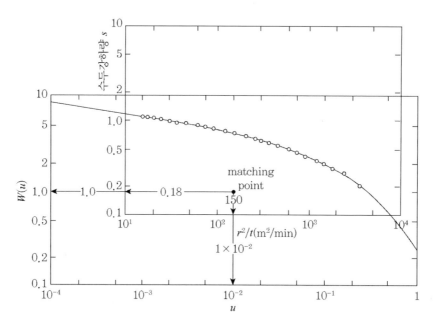

그림 5.13 $W(u) : u$와 $s : r^2/t$의 관계

b) Copper-Jacob 식을 이용한 T, S 결정

$u \leq 0.01$일 때, Cooper-Jacob이 제안한 식을 이용하여 특성변수를 결정할 수 있다. 식 (5.63)를 다음과 같이 로그 성질을 이용하여 2가지 형태로 변형시킬 수 있다.

$$s = \frac{2.3Q}{4\pi\,T}\log\frac{2.25\,T}{r^2 S} + \frac{2.3Q}{4\pi\,T}\log t \qquad (5.79)$$

$$s = \frac{2.3Q}{4\pi\,T}\log\frac{2.25\,Tt}{S} - \frac{4.6Q}{4\pi\,T}\log r \qquad (5.80)$$

:: CJ해법 1

식 (5.79)는 관측정이 1개 설치되어 있을 때 우물에서 양수하는 경우에 관측정에서 시간에 따른 수두강하량을 측정하여 특성변수를 결정하는 방법이다. 이때 우물중심에서 관측정까지의 거리 r은 상수이다. 우물에서 일정한 유량 Q를 양수할 때 관측정에서 시간에 따른 수두강하량을 측정하여 그림 5.14에 나타냈다. 그림에서 시간을 가로축(로그 눈금)에, 수두강하량을 세로축(산술눈금)에 도시한 것이며 식 (5.79)에서 기울기는

$$a = \frac{2.3Q}{4\pi T} \tag{5.81}$$

이다. 그림 5.14에서 기울기는

$$\frac{\Delta s}{\log t_2 - \log t_1} = \frac{\Delta s}{\log(t_2/t_1)} \tag{5.82}$$

이므로 식 (5.81)과 (5.82)는 같아야 한다. 즉,

$$\frac{\Delta s}{\log(t_2/t_1)} = \frac{2.3Q}{4\pi T} \tag{5.83}$$

이다. 그림 5.14에서 가로축 눈금 1사이클에 대한 수두강하량 Δs를 취하면, $\log(t_2/t_1)$은 1이므로 식 (5.73)으로부터 대수층의 전달계수 T를 구할 수 있다.

$$T = \frac{2.3Q}{4\pi \Delta s} \cdot \log\left(\frac{t_2}{t_1}\right) \tag{5.84}$$

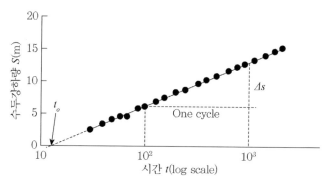

그림 5.14 시간에 따른 수두강하량

그림에서 직선을 x축까지 연장하여 만나는 지점은 수두강하량 $\Delta s = 0$이며, 이때 시간 t_0를 그림에서 읽는다. 이 값을 식 (5.63)에 대입하면,

$$0 = \frac{2.3\,Q}{4\pi\,T}\log\frac{2.25\,Tt_0}{r^2 S} \tag{5.85a}$$

$$0 = \log\frac{2.25\,Tt_0}{r^2 S} \tag{5.85b}$$

$$1 = \frac{2.25\,Tt_0}{r^2 S} \tag{5.85c}$$

이므로, 저류계수 S를 구할 수 있다.

$$S = \frac{2.25\,Tt_0}{r^2} \tag{5.86}$$

:: CJ해법 2

식 (5.72)는 관측정이 여러 개 설치되어 있을 때 우물에서 양수하는 경우에 어떤 임의 시간에 각 관측정에서 동시에 수두강하량을 측정하여 특성변수를 결정하는 방법이다. 이 방법에서 시간 t가 상수이다. 우물에서 일정한 유량 Q를 양수할 때, 임의 시간에 각 관측정에서 수두강하량을 측정하여 거리를 가로축(로그눈금)에, 수두강하량을 세

로축(산술눈금)에 도시하여 그림 5.15에 나타냈다. 해법 1과 같은 방법을 적용하면,

$$\frac{\Delta s}{\log(r_2/r_1)} = \frac{2.3Q}{2\pi T} \tag{5.87}$$

이며, 그림 5.15에서 가로축의 1사이클에 대해 수두강하량 Δs를 취하면, $\log(r_2/r_1)$은 1이므로 식 (5.77)로부터 대수층의 전달계수 T를 구할 수 있다.

$$T = \frac{2.3Q}{2\pi\Delta s} \cdot \log\left(\frac{r_2}{r_1}\right) \tag{5.88}$$

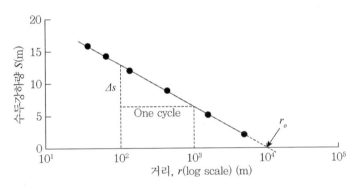

그림 5.15 관측정 거리에 따른 수두강하량

그림 5.15에서 직선을 x축까지 연장하여 만나는 지점은 수두강하량 $\Delta s = 0$이며, 이 때 거리 r_0를 그림에서 읽는다. 이 값을 식 (5.63)에 대입하여 저류계수 S를 구할 수 있다.

$$S = \frac{2.25Tt}{r_0^2} \tag{5.89}$$

:: CJ해법 3

이 방법은 우물 주변에 관측정이 여러 개 있고 각 관측정에서 시간에 따라 수두강하량을 측정하였을 때(동시측정이 아님) 대수층의 특성변수를 결정하는 방법이다. 우물에서 일정한 유량 Q를 양수할 때, 각 관측정에서 여러 시간에 대해 수두강하량을 측정하여 t/r^2를 가로축(로그축)에, 수두강하량을 세로축(산술축)에 도시하여 그림 5.16에 나타냈다. 식 (5.73)을 변형하면 식 (5.90)이 된다.

$$s = \frac{2.3\,Q}{4\pi\,T}\log\frac{2.25\,T}{S} + \frac{2.3\,Q}{4\pi\,T}\log\frac{t}{r^2} \tag{5.90}$$

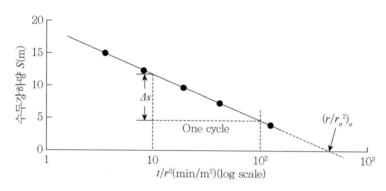

그림 5.16 수두강하량 s와 t/r^2

그림 5.16을 참고하여 앞의 해법과 같이 적용하면,

$$\Delta s = \frac{2.3\,Q}{4\pi\,T} \tag{5.91}$$

이므로 전달계수 T를 구할 수 있다.

$$T = \frac{2.3\,Q}{4\pi\Delta s} \tag{5.92}$$

그림 5.16에서 수두강하량 $\Delta s = 0$인 직선이 가로축과 만나는 $(t/r^2)_0$의 값을 읽으면, 저류계수 S를 구할 수 있다.

$$S = 2.25\,T\left(\frac{t}{r^2}\right)_0 \tag{5.93}$$

Cooper–Jacob 방법은 $u \leq 0.01$ 일 때 성립하므로 양수시간은 다음 조건을 만족해야 한다.

$$u = \frac{r^2 S}{4\,Tt} \leq 0.01,\ \frac{25 r^2 S}{T} \leq t \tag{5.94}$$

(2) 비피압대수층

비피압대수층에서 지하수 흐름을 지배하는 방정식은 비선형(식 5.48)이다. 비선형이므로 정확한 해석해를 얻을 수 없기 때문에 선형화하여 근사적으로 해를 구하는 방법을 선택해야 한다. 이 식을 선형화하기 위해 수심 h에 비해 수심의 변화가 크지 않다면 대수층의 평균 두께 $\bar{h}$로 대치하여 선형화시킬 수 있다.

$$\frac{\partial^2 h}{\partial x^2} + \frac{\partial^2 h}{\partial y^2} = \frac{S_y}{K\bar{h}}\frac{\partial h}{\partial t} \tag{5.95}$$

여기서 $\bar{h}$는 지하수층의 평균 두께로서 $\bar{h} = (h_1 + h_2)/2$로 가정한다. 식 (5.95)를 극좌표로 변환하면,

$$\frac{\partial^2 h}{\partial r^2} + \frac{1}{r}\frac{\partial h}{\partial r} = \frac{S_y}{T}\frac{\partial h}{\partial t} \tag{5.96}$$

이다. 여기서 S_y는 비산출량이며, $T = K\bar{h}$로서 평균 깊이에 대한 전달계수이다. 식 (5.96)은 피압대수층에 대한 식 (5.66)과 같은 형태이므로 피압대수층의 해를 구하는 방법을 적용하여 해를 구한다.

5.4 우물의 설계

5.4.1 우물손실

우물에서 양수할 때 총수두강하량은 2가지의 성분으로 구성되어 있다. 하나는 그림 5.17에 나타낸 바와 같이 우물벽면의 지하수 수위까지의 수두강하량(형성손실, formation loss) s_f와 또 다른 하나는 우물벽면의 지하수 수위에서 우물 내의 수위까지의 우물손실(well loss) s_w이다. 총수두강하량은 이들의 합으로 다음과 같다.

정상상태일 때 총수두강하량 s_t :

$$s_t = \frac{2.3Q}{2\pi T}\log\frac{r_0}{r_w} + CQ \tag{5.97}$$

비정상상태일 때 총수두강하량 s_t :

$$s_t = \frac{2.3Q}{4\pi T}\log\frac{2.25\,Tt}{r^2 wS} + CQ^n \tag{5.98}$$

여기서, 우물손실 $s_w = CQ^n$(m), $C < 0.5\mathrm{min}^2/\mathrm{m}^5$인 상수, n은 유량의 지수로서 일반적으로 2이다.

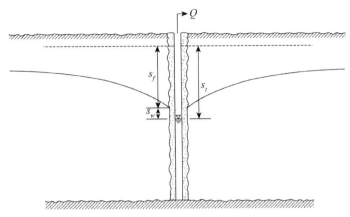

그림 5.17 양수 우물에서 형성손실과 우물손실

5.4.2 우물효율

우물효율(well efficiency)은 우물손실과 다음과 같은 관계가 있는 것으로 알려져 있다.

$$E = \frac{s_f}{s_t} \times 100 \tag{5.99}$$

$$E = \left(1 - \frac{s_w}{s_t}\right) \times 100 \tag{5.100}$$

우물손실이 0이라면 우물효율은 100%이다.

5.4.3 비양수량

비양수량(specific capacity)은 단위수두강하(1.0m)당 우물양수량(m^3/s)이다.

$$비양수량 = \frac{Q}{s_t} \tag{5.101}$$

비양수량은 수두강하량에 따라서 변하며[참고 식 (5.97)와 (5.98)], 정상상태 혹은 비정상상태에 따라서 다르게 된다.

5.1 공극 속을 통과해 흐르는 흐름은 작은 관을 통한 흐름과 유사하므로 Hagen-Poiseulli 법칙을 적용하여 투수계수 $K = k\dfrac{\rho g}{\mu}$ 임을 보여라.

5.2 수리학에서 학습한 역적−운동량(impulse-momentum)방정식과 뉴턴의 점성법칙을 적용하여 투수계수 $K = k\dfrac{\rho g}{\mu}$ 임을 보여라.

5.3 지하수관련 다음용어를 설명하시오.
- a) Influent stream : 함양하천, 하천수위가 지하수위보다 높아서 하천수가 지하수를 보충함
- b) Effluent stream : 침출하천, 갈수기에 하천에 부족한 물을 지하수가 보충해주는 하천
- c) Confined aquifer : 피압대수층, 불투수층 2개의 사이에서 대기압보다 큰 수압을 받는 지하수층
- d) Unconfined aquifer : 비피압대수층, 지하수면이 지표 아래 토양공극을 통해 대기압을 받는 지하수층

5.4 투수량계수와 저류상수를 이용하여 파악할 수 있는 대수층의 물리적 특성을 설명하시오.

* 풀이
투수량계수 T = Kb, 대수층 총두께의 물수송능력(m²/day) Transmissivity = 투수계수×대수층두께
저류상수(Storage coefficient)
단위압력수두 강하에서 단위면적의 압력대수층으로부터 흘러나오는 물의 양

5.5 1차원 지하수 정상류의 단위폭당 유량공식을 제시하고 그 적용법을 그림과 함께 설명하시오.
- a) 압력대수층
- b) 자유수면대수층

*풀이

a) 압력대수층에서 압력수위 h_o인 지점부터 거리 x인 지점의 압력수두가 h일 때, 두께 b, 투수계수 K일 때 단위폭당 유량 q를 계산하는 식

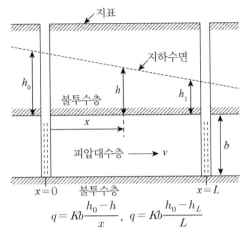

$$q = Kb\frac{h_0 - h}{x}, \; q = Kb\frac{h_0 - h_L}{L}$$

b) 자유수면 대수층에서 지하수위 h_o인 지점부터 거리 x인 지점의 지하수위가 h, 특수계수 K일 때 단위폭당 유량 q를 계산하는 식

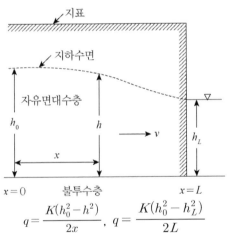

$$q = \frac{K(h_0^2 - h^2)}{2x}, \; q = \frac{K(h_0^2 - h_L^2)}{2L}$$

5.6 우물에서 r만큼 떨어진 곳에서 수위가 h, 우물에서 영향반경 R지점에서 수위가 H(초기수위)일 때 식 (5.56)을 적분하여 식 (5.58)을 유도하여라.

5.7 대수층에서 폭이 800m, 깊이가 12m, Darcy 유속이 0.1m/day, 공극률이 0.4일 때 대수층을 통한 단위폭당 유량, 총유량, 실제(침윤)유속을 구하여라.

5.8 그림 예제 5.4에서 왼쪽 수위가 20m, 오른쪽 수위가 15m이고, 대수층의 두께가 10m, 폭이 60m, 투수계수가 0.2m/day일 때 대수층을 통해 흐르는 유량은 얼마인가?

5.9 하천과 평행한 수로가 30m 떨어져 시공되어 있으며 대수층의 두께가 3m, 투수계수가 0.003cm/s인 피압대수층으로 연결되어 있다. 하천의 수위는 5m, 수로의 수위는 4m일 때 하천에서 수로로 침투되는 단위폭당 유량($m^3/h/m$)을 구하여라.

5.10 그림 예제 5.5에서 오른쪽 경계에서 수위가 50m, 1500m 떨어진 왼쪽 경계에서 수위가 45m이고 투수계수가 20m/day일 때 지하수 흐름에 대한 단위폭당 유량을 구하여라.

5.11 불투수층으로 된 하상(EL. 90m)에 투수계수가 3.0m/day인 토사로 제방을 축조하였다. 제방 상류와 하류 수위가 각각 EL. 102m, EL. 95m로 유지되고 있을 때, 제방의 단위폭당 유량을 구하시오. 단, 제방의 길이는 80m이다.

* 풀이

$q = \dfrac{K(h_0^2 - h_L^2)}{2L}$, $K = \dfrac{3.0}{86400} = 3.47 \times 10^{-5} m/s$, $h_0 = 102 - 90 = 12m$,

$h_L = 95 - 90 = 5m$, $L = 80m$

$q = \dfrac{3.47 \times 10^{-5}(12^2 - 5^2)}{2 \times 80} = 2.58 \times 10^{-5} m^3/s/m = 2.23 m^3/day/m$

5.12 해안지역에서 피압대수층에 설치된 우물의 양수가 담수와 해수의 경계에 미치는 영향을 그림과 함께 설명하시오.

* 풀이
우물양수로 내륙에서 담수의 지하수위가 감소하는 양에 비례하여 해수–담수 경계면이 지면에 접근함

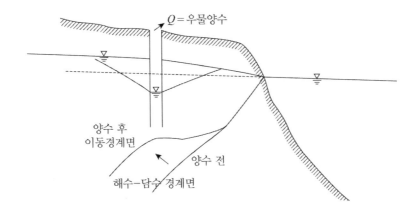

Q = 우물양수

양수 후
이동경계면

양수 전

해수−담수 경계면

5.13 피압대수층의 평균두께 20m, 직경 0.5m인 우물에서 초기수두가 40m이었다. $Q = 0.2\text{m}^3/\text{s}$로 양수 시작 후 50분에 우물에서 20m와 60m 떨어진 곳에 설치된 관측정의 수두강하가 각각 3m, 2m이었다. 이 대수층의 전달계수와 저류계수 및 영향원 반경을 구하시오.

*풀이

전달계수 $T = \dfrac{2.3Q}{2\pi\Delta s}\log(r_2/r_1) = \dfrac{2.3\times0.2}{2\pi(3-2)}\log(60/20) = 0.03495\text{m}^2/\text{s}$

저류계수 $S = 2.25\,T\cdot t/r_o^2 = (2.25\times0.03495\times50\times60)/140^2 = 0.01204$

$(r_1, s_1) = (20, 3)$, $(r_2, s_2) = (60, 2)$에 대한 경사선식을 이용하면 $s = \dfrac{3-2}{60-20}r - b$,

b : 우물의 수두강하량 $3 = -\dfrac{1}{40}\times20 + b$, $b = 3 + 0.5 = 3.5$, $0 = -\dfrac{1}{40}R + 3.5$, 영향원 반경

$R = 3.5\times40 = 140\text{m}$

5.14 피압대수층의 우물에서 $0.3\text{m}^3/\text{min}$으로 양수하고 있다. 우물에서 각각 100m, 500m 떨어진 곳의 관측정에서 수위강하가 각각 3m, 1m로 관측되었다. 대수층의 두께가 20m일 때 투수계수 $K(\text{cm/sec})$와 전달계수 $T(\text{cm}^2/\text{sec})$를 구하여라.

5.15 비피압대수층의 직경 20cm, 수면부터 바닥까지 깊이 30m인 우물에서 $0.1\text{m}^3/\text{sec}$로 장시간 양수하여 평형상태에 도달했는데, 양수정의 중심축으로부터 20m 및 50m 떨어진 관측정에서 수면강하량이 각각 4m 및 2.5m이었다. 이 대수층의 투수계수 K와 양수정에서의 수면강하량 s_t를 구하시오. 단, 우물의 유입손실 s_w는 0으로 본다.

* 풀이

$r_1 = 20\text{m}$, $r_2 = 50\text{m}$, $h = 30\text{m}$,

$h_1 = h_0 - s_1 = 30 - 4 = 26\text{m}$, $h_2 = h_0 - s_2 = 30 - 2.5 = 27.5\text{m}$

$$K = \frac{Q}{\pi(h_2^2 - h_1^2)} \ln(r_2/r_1) = \frac{0.1}{\pi(27.5^2 - 26^2)} \ln(50/20) = 0.000363\text{m/s} : \text{투수계수}$$

$$Q = \pi K \frac{h_0^2 - h_w^2}{\ln(r_o/r_w)}, \quad h_0 = h_1, \quad r_w = 0.2/2 = 0.1\text{m}, \quad r_0 = r_2 = 20\text{m}$$

$$0.1 = \pi \times 0.000363 \times \frac{26^2 - h_w^2}{\ln(20/0.1)}, \quad h_w = 14.53\text{m}$$

양수정 수면강하 $s_t = h_o - h_w = 30 - h_w = 15.47\text{m}$

5.16 비피압대수층의 우물에서 $0.3\text{m}^3/\text{min}$으로 양수하고 있다. 초기의 지하수위는 10.0m이고 우물에서 30m, 100m 떨어진 관측정에서 지하수 수위가 각각 6m, 8.5m로 측정되었으며 그 이후에 수위 변화가 없었다. 우물은 바닥까지 관입되었을 때 이 대수층의 투수계수를 구하여라.

5.17 피압대수층의 우물 직경이 20cm이며 이 우물에서 일정하게 $0.25\text{m}^3/\text{s}$로 양수시험을 수행하였다. 우물로부터 50m 떨어진 관측정에서 수두강하량을 측정하였다. 이 대수층의 특성변수인 저류계수 S와 전달계수 T를 구하여라.

시간(hr)	0.02	0.03	0.06	0.12	0.50	1.00	2.00	3.00	4.00
강하량(cm)	20.0	30.0	40.0	54.0	75.0	90.0	100.0	105.0	115.0

5.18 피압대수층에서 $0.25\text{m}^3/\text{s}$로 양수시험을 수행하였다. 우물에서 50m 떨어진 관측정에서 수두강하량이 다음과 같을 때 Jacob 방법에 의해 저류계수 S와 전달계수 T를 구하여라.

시간(hr)	0.6	1.8	2.5	5.2	9.0	11.0	17.0	25.0	50.0
강하량(m)	0.092	0.301	0.388	0.560	0.721	0.788	0.922	1.070	1.260

5.19 Darcy의 법칙($V = KI$)에 대한 설명으로 옳은 것은?

가. 정상류 흐름에서는 층류와 난류에 상관없이 식을 적용할 수 있다.

나. V는 동수경사와는 관계없이 흙의 특성에 좌우된다.

다. K의 차원은 $[LT]$이며 단위는 [darcy]로도 표시한다.

라. K는 투수계수이며 흙입자의 모양 및 크기, 유체의 점성 등에 의해 변화한다.

정답_라

5.20 지하수 흐름에서 Darcy법칙을 적용하는 레이놀즈 수(R_e)의 일반적인 범위는?

가. $R_e < 0.1$ 　　　　　　　나. $R_e < 1 \sim 10$

다. $R_e < 500$ 　　　　　　　라. $R_e < 2000$

정답_나

5.21 Darcy의 법칙에 대한 설명으로 옳은 것은?

가. 점성계수를 구하는 법칙이다.

나. 지하수 유속은 동수경사에 비례한다.

다. 관수로 수리모형 실험법칙이다.

라. 개수로 수리모형 실험법칙이다.

정답_나

5.22 모래 여과지에서 모래 두께 2.4m, 투수계수를 0.04cm/sec로 하고 여과수두를 50cm로 할 때 10,000m^3/day의 물을 여과시키는 경우, 여과지 면적은?

가. 1,289m^2 　　　　　　　나. 1,389m^2

다. 1,489m^2 　　　　　　　라. 1,589m^2

정답_나

5.23 지하수 흐름에서 상하류 두 지점의 수두차가 1.6m이고 두 지점의 수평거리가 480m인 경우, 대수층의 두께 3.5m, 폭 1.2m일 때의 지하수 유량은? 단, 투수계수 $k = 208$m/day 이다.

가. 3.82m^3/day 　　　　　　나. 2.91m^3/day

다. 2.122m^3/day 　　　　　　라. 2.08m^3/day

정답_나

5.24 Dupuit의 침윤선 공식으로 옳은 것은? 단, q : 단위폭당 유량, l : 침윤선의 길이, K : 투수계수이다.

가. $q = \dfrac{K}{2l}(h_1^2 - h_2^2)$ 나. $q = \dfrac{K}{2l}(h_1^2 + h_2^2)$

다. $q = \dfrac{K}{l}(h_1^{3/2} - h_2^{3/2})$ 라. $q = \dfrac{K}{l}(h_1^{3/2} + h_2^{3/2})$

정답_가

5.25 그림과 같은 굴착정(artesian well)의 유량을 구하는 공식은? 단, R : 영향원의 반지름, b : 피압대수층의 두께, K : 투수계수이다.

가. $Q = \dfrac{2\pi K b(H + h_0)}{\ln(R/r_0)}$ 나. $Q = \dfrac{2\pi K b(H + h_0)}{\ln(r_0/R)}$

다. $Q = \dfrac{2\pi K b(H - h_0)}{\ln(R/r_0)}$ 라. $Q = \dfrac{2\pi K b(H - h_0)}{\ln(r_0/R)}$

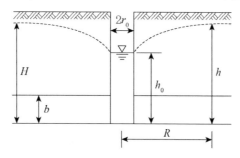

정답_다

5.26 자유수면을 가지고 있는 깊은 우물의 유량공식은? 단, R : 영향원의 반경, r_0 : 우물 직경, h_0 : 양수 후 우물 수심, H : 영향원반경에서 수심(양수 전 우물수심), K : 투수계수이다.

가. $Q = \dfrac{2\pi k(H + h_0)}{2.3\log\dfrac{R}{r_0}}$ 나. $Q = \dfrac{2\pi k(H - h_0)}{2.3\log\dfrac{R}{r_0}}$

다. $Q = \dfrac{\pi k(H^2 + h_0^2)}{2.3\log\dfrac{R}{r_0}}$ 라. $Q = \dfrac{\pi k(H^2 - h_0^2)}{2.3\log\dfrac{R}{r_0}}$

정답_라

5.27 다음 중 심정호(深井戶)를 옳게 설명한 것은?

가. 깊이가 지하 100m 이상일 때

나. 정호 바닥이 불투수층에 달하였을 때

다. 정호 바닥이 불투수층을 지나서 새로운 대수층에 달하였을 때

라. 깊이가 불투수층에서 100m 이상일 때

정답_나

06
—
지표 아래에서 물의 이동

지표 아래에서 물의 이동

강우가 발생하면, 강우는 지표면을 따라 하천으로 유입되는 지표면유출과 지표면 아래로 침투되는 침투량, 증발량으로 배분된다. 이 장에서는 지표면 아래에서 지하수 흐름을 제외한 흙 입자와 입자의 공극 속에서 물의 이동에 대해 공부한다.

침투된 물은 지표면 아래 토양의 공극을 포화시키거나 중력(gravity)과 모세관 흡인력(capillary suction)에 의해 수평, 혹은 수직 방향으로 이동하면서 지표면으로 유출되기도 하고 지하수 수위를 상승시키기도 한다. 지표면을 통과해 물이 공극 속으로 이동하는 것을 침투(infiltration)라 하고 물이 중력 방향으로 이동하여 지하수를 보충시키는 과정을 침루(percolation)라 한다.

지표면에서 물의 침투와 지하수의 분포 및 흐름은 물의 순환과정에서 중요한 부분으로서 지하수수문학으로 분류되고 있으며 지하수수문학은 앞장에서 기술한 지하수(포화흐름)와 이 장에서 공부할 침투(불포화흐름)로 구분된다. 포화흐름은 주로 중력에 의해 물이 이동되며 불포화흐름은 중력뿐만 아니라 모관력에 의해 물이 움직인다. 토양 속의 수분은 식물의 성장에 영향을 주므로 농학분야에서 많은 연구가 이루어지고 있다.

6.1 침투 과정

5장에 기술된 Darcy 공식은 포화상태에서 지하수 흐름의 유속을 결정하는 식이다. 그러나 불포화상태인 공극 속에서 물의 흐름은 중력가속도에 의한 중력포텐셜, 표면장력에 의한 모세관흡입력과 물과 흙입자 간의 흡착력인 압력포텐셜에 의해 결정된다. 포텐셜은 단위체적의 물에 대한 에너지로서 압력의 차원[$ML^{-1}T^{-2}$]를 가지며 때로는 압력을 물기둥의 높이인 수두[L]로 나타내기도 한다. 크기가 작은 포텐셜항을 무시하면 불포화흐름에서 수두는 모세관 압력수두와 중력에 의한 압력수두로 나타낼 수 있다.

$$H = \psi + \phi$$

여기서 ψ는 모세관 압력수두이며 음(−)의 부호를 갖으며, ϕ는 중력가속도에 의한 수두이다. 건조한 상태의 토양에서는 미세한 공극까지도 수분을 흡수할 수 있는 능력이 있으나 일단 수분이 흡수되면 미세한 공극을 우선 채우고 큰 공극을 갖는 부분만 남는다. 그러므로 모세관 압력수두는 함수량이 적을수록 높고 함수량이 공극률에 가까울수록 상승 높이는 0에 접근한다(그림 6.1 참조). 모세관 압력수두는 흙의 흡인력을 의미하기 때문에 포화흐름에서 압력수두와는 반대 부호(−)를 갖는다.

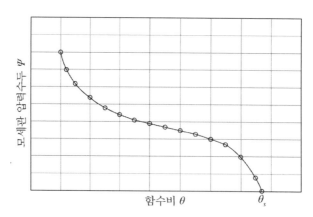

그림 6.1 함수비에 따른 모세관 압력수두 변화

6.2 침투량과 침투율 산정공식

강우가 발생되면 지표면 아래로 침투가 발생되며 물의 공급이 무한한 경우에 침투는 지속적으로 발생하고 매순간 침투율이 변한다. 침투율은 주어진 조건에서 최대의 침투 가능량인 침투능력을 의미하는 것으로 단위면적당 단위시간당 물이 통과하는 양을 말한다. 침투율은 시간에 따라 변하므로 미분형태로 표현이 가능하며 어떤 시간 동안에 누가(총)침투량과의 관계는 다음과 같다.

$$f(t) = \frac{dF(t)}{dt} \tag{6.1}$$

$$F(t) = \int_0^t f(t)dt \tag{6.2}$$

여기서 $f(t)$는 침투율(mm/hr), $F(t)$는 누가침투량(mm)이다. 침투율은 임의 시간 t에서 누가침투량의 변화율을 의미하며 이를 그림 6.2(a)에 나타냈다. 식 (6.2)는 임의 시간 동안에 누가침투량을 의미하며 침투율 곡선인 그림 6.2(b)의 음영 부분에 해당된다.

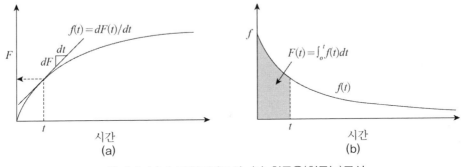

그림 6.2 (a) 누가침투량곡선, (b) 침투율(침투능)곡선

침투율에 영향을 주는 인자들이 시간적·공간적으로 균일하지 않기 때문에 침투량을 정확하게 파악하는 것은 어렵다. 즉, 고도, 지형, 계절, 인간의 활동에 따라 토지이용과 식생 등이 변하며, 선행강우가 발생하였을 경우에 토양 내의 함수상태가 경과시간에 따

라 다르기 때문이다. 따라서 어떤 지역에서 평균침투량을 산정하려면 토양의 특성과 식생피복을 기준으로 한다.

6.2.1 침투량 측정방법

침투량을 산정하는 방법은 침투계를 이용하는 방법, 강우모의기에 의한 측정법, 수문곡선해석에 의한 방법이 있다.

(1) 침투계(infiltrometer)를 이용하는 방법

지름 25cm와 35cm의 원통을 지표면 아래 50cm까지 설치한다. 원통 내에서 어떤 시간 동안에 수심이 일정하게 유지되도록 물을 공급하고 공급된 물의 양을 측정하여 침투량을 산정한다. 이때 일정한 수심은 안쪽의 원통이나 바깥쪽의 원통에서 유지되도록 하고 공급량의 측정은 안쪽 원통에서 실시한다. 이 방법은 설치나 이동이 간편하며 짧은 기간 동안에 여러 번 측정할 수 있다.

(2) 강우모의기에 의한 측정법

이 방법은 스프링클러를 이용하여 대상지역에 물을 분사한다. 다양한 방법을 통해서 물을 분사시킬 수 있으므로 여러 가지 강우에 대해 침투량을 측정할 수 있다. 대상지역에 연속방정식을 적용하여 산출하는 방법으로 유입량, 유출량, 저류량을 측정하여 산정한다. 이때 대상지역 밖으로 유출되는 지표면유출량을 측정할 수 있는 시설을 갖추어야 한다. 이 방법은 넓은 지역에 대해 측정할 수 있으나 현장에서 설치가 불편하다.

(3) 수문곡선해석에 의한 방법

어떤 소규모 유역에서 유출수문곡선과 강우 주상도를 이용하여 산정하는 방법이다. 이 유역에서 발생한 강우와 그 유출량 자료가 있어야 한다. 증발산량을 무시하고 강우량에서 유출량을 제거하여 침투량을 산정한다. 예를 들면 2시간 동안에 강우량이

12.0mm가 내렸고 이 강우에 의해 유출량이 2.0mm이었다면 침투율을 구하기 위해 강우강도는 12.0mm/2hr＝6mm/hr이고 유출률은 2.0mm/2hr＝1.0mm/hr이므로 침투율은 5.0mm/hr가 된다. 이와 같이 몇 개의 강우에 대해 산정하여 평균 침투율을 계산한다.

6.2.2 침투율 산정공식

(1) Horton 공식

이 공식은 경험적인 공식으로서 잘 알려져 있다. 실험을 통해서 제안한 공식으로서 다음과 같다.

$$f(t) = f_c + (f_0 - f_c)e^{-k} \tag{6.3}$$

여기서 f_0는 초기침투율, f_c는 최종침투율, k는 감소계수로서 이들의 값은 토양의 종류에 따라 다르다. 초기침투율 f_0는 강우 초기에 발생하는 최대침투율이라 할 수 있으며, 최종침투율 f_c는 투수계수 K와 동일한 값으로 간주한다. 이 식을 그림 6.3에 도시하였다. 토양의 종류에 따른 초기침투율, 최종침투율, 감소계수를 표 6.1에 제시하였다. 식 (6.3)에서 $t \to 0$에서 $f(0) \to f$이고, $t \to \infty$에서 $f(\infty) \to f$가 된다. 이 식을 시간에 대해 적분하면 누가침투량을 구할 수 있다.

$$F(t) = f_c t + \frac{f_0 - f_c}{k}(1 - e^{-kt}) \tag{6.4}$$

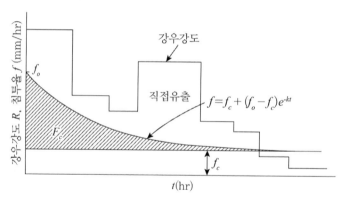

그림 6.3 침투율과 누가침투량 곡선

표 6.1 토양의 종류에 따른 초기침투율, 최종침투율, 감소계수

토양의 종류	초기침투율 f_0 (mm/hr)	최종침투율 f_c (mm/hr)	감소계수 k (1/hr)
Alpha loam	482.6	35.6	38.29
Carnegie loamy sand	476.8	44.9	19.64
Cowarts loamy sand	388.1	49.5	10.65
Dothan loamy sand	88.1	66.8	1.40
Fuquay pebbly loamy sand	158.5	61.5	4.70
Leefield loamy sand	288.0	43.9	7.70
Robertsdale loamy sand	315.2	29.9	21.75
Stilson loamy sand	205.9	39.4	6.55
Tooup sand	584.5	45.7	2.71
Tifton loamy sand	245.6	41.4	7.28

(2) Philip 공식

Philip(1957)은 비포화흐름에 대한 일반방정식을 제안하였으며 수평방향의 흐름만 존재하는 경우에 대한 식의 해를 이용하여 침투량을 산정하였다. 그 공식에서 투수계수 와 확산계수가 함수비에 따라 변한다는 가정하에서 유도된 식이다.

$$F(t) = St^{1/2} + At \tag{6.5}$$

여기서 $F(t)$는 누가침투량, S는 토양의 흡입률을 나타내는 흡수계수(sorptivity), A는 투수계수와 동일한 값을 갖는다. 침투율은 식 (6.5)를 미분하면 구할 수 있다.

$$f(t) = \frac{1}{2}St^{-1/2} + A \tag{6.6}$$

이 식에서 $t \to 0$일 때 $f(0) \to \infty$이지만 실제는 유한 값을 가지며 $t \to \infty$일 때 $f(\infty) \to A(=K)$가 된다. 식 (6.5)의 첫 항은 토양의 흡인력에 의한 수두, 두 번째 항은 중력에 의한 수두이다. Philip은 수평으로 놓인 기둥에 대해 실험을 수행하였는데 이 실험에서 $A = K = 0$으로 토양의 흡인력에 의한 수두만 고려하면 누가침투량과 흡수계수의 관계를 알 수 있다.

$$F(t) = St^{1/2} \tag{6.7}$$

이 식으로부터 누가침투량이 주어지면 흡수계수를 결정할 수 있다.

(3) Green and Ampt 공식

Green and Ampt는 침투율에 물리적 개념을 적용하여 해석적인 해를 제안하였다.

$$f = f_c + b/F \tag{6.8}$$

여기서 f_c와 b는 상수이며, F는 침투량이다. $t \to 0$일 때 $F \to 0$이 되므로 $f \to \infty$이 되는 모순이 있으며, $t \to \infty$일 때 $f \to f_c$가 되므로 최종침투량 f_c으로 간주된다.

6.3 초과강우량 계산

강우가 발생되어 지표면에 도달하면 지표면 아래의 침투량에 따라서 유출량이 결정된다. 강우량에서 침투량을 뺀 것을 초과강우량이라 한다. 어떤 유역에 동일한 강우가 2번 발생하였다면 지표면 아래 토양 공극 속의 함수량에 따라서 침투량은 달라진다.

즉, 선행강우 발생여건에 따라서 공극 내부의 함수량이 다르며 함수량은 침투량에 직접적인 영향을 준다. 일반적으로 침투량은 그림 6.3의 침투율 곡선에 나타난 바와 같이 초기에 손실이 크고 시간이 지남에 따라서 손실은 감소하다가 최종적으로 투수계수에 접근한다. 일반적으로 유역면적이 넓고 강우의 지속기간이 긴 경우에 그 유역의 평균침투율이 중요하게 사용된다. 이를 나타내기 위해 침투지표가 사용되며 대표적인지표로서 ϕ-지표법과 w-지표법이 있다.

6.3.1 ϕ-지표법

토양의 종류와 강우의 공간적 불균형으로 침투율 곡선을 정확하게 추정할 수 없기 때문에 강우 지속기간 동안에 침투율이 일정하다는 가정하에서 지표면 아래로 침투된 강우의 양을 강우의 지속기간으로 나누어 침투능력을 산정한다. 이를 평균침투율이라 하며 단위는 강우강도의 단위와 동일하다. 평균침투율 ϕ-지표를 구하는 방법은 총강우량에 대한 우량주상도를 작성하여 산정한다. 해당 유역의 출구에서 유출량을 측정하여 유역면적으로 나누어 직접유출량(초과강우량)을 구한다. 우량주상도 R의 윗부분부터 수평직선을 그리면서 윗부분이 직접유출량과 동일하도록 작성하면 이에 해당하는 강우강도(mm/hr)가 평균침투율 ϕ-지표이다. 이를 수식으로 나타내면,

$$\phi = \frac{F}{t} = \frac{P - Q}{t} \tag{6.9}$$

여기서 ϕ는 ϕ-지표(mm/hr), $F(= P - Q)$는 총침투량(mm), P는 강우량(mm), Q는 직접유출량(mm), t는 ϕ-지표를 초과한 강우강도 R의 지속시간이다.

6.3.2 w-지표법

강우가 지표면에 도달하면 강우의 일부가 지면의 굴곡에 저류된다. w-지표법은 ϕ-지표법에서 고려하지 않은 지면 저류량을 고려한 것이다. 토양이 매우 습하거나 많은

비가 발생된 경우에 저류로 인한 양은 증가되지 않기 때문에 ϕ-지표법과 w-지표법은 거의 동일한 값을 나타낸다. 그러나 지표면의 굴곡에 의한 저류량을 정확하게 추정하는 것은 어렵고 주관적일 수 있는 단점을 갖고 있다. 저류를 고려한 방법이므로 강우강도가 침투능력보다 커야 한다. w-지표법을 수식으로 나타내면 다음과 같다.

$$w = \frac{F}{t} = \frac{P - Q - S}{t} = \phi - \frac{S}{t} \tag{6.10}$$

여기서 w는 w-지표(mm/hr), S는 지표면 저류량(mm)이다.

[예제 6.1] 어떤 유역에 강우량이 6시간 동안 발생하였다. 1시간 간격으로 10, 15, 25, 30, 17, 5mm의 강우가 발생하였다. 이 유역의 출구에서 측정된 직접유출량을 유출고로 계산하였더니 62mm이었다. ϕ-지표법에 의해 평균침투량을 구하여라. 이 유역에서 지면 굴곡으로 인한 저류량이 총강우의 12%일 때 w-지표법에 의해 평균침투량을 구하여라.

:: 풀이

총강우량은 $10 + 15 + 25 + 30 + 17 + 5 = 102$mm

침투에 의한 손실량은 $102 - 62 = 40$mm이다.

평균침투량 $5 \times \phi + 5 = 40$, $\phi = 7$mm/hr

지면 저류량은 $102 \times 0.12 = 12.24$mm이고

강우강도가 침투능력을 초과하는 시간이 5시간이므로,

$$w = \phi - \frac{S}{t} = 7 - \frac{12.24}{5} = 4.55\text{mm/hr}$$

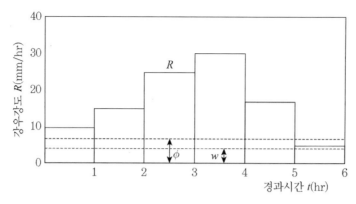

그림 예제 6.1 ϕ-지표와 w-지표

6.3.3 SCS 방법

미국 농무성의 토양보존국(soil conservation service, SCS)에서 제시한 것으로 직접유출량을 구하는 방법으로서 다음과 같이 간단한 식을 제안하였다.

$$\frac{F}{S} = \frac{P_e}{P} \tag{6.11}$$

여기서 F는 시간 t에서 흙의 저류량(mm), S는 흙이 완전히 포화되기 위한 최대저류량(mm), P_e는 직접유출량에 해당되는 유효강우량(mm), P는 누가된 총강우량(mm)이다. 즉, 강우에 의한 직접유출량은 토양이 최대로 저류할 수 있는 양(S)과 실제로 토양 속으로 누가침투량 F의 함수이며 F는 강우량과 유효강우량의 차($F = P - P_e$)이다. 이 관계를 식 (6.11)에 대입하여 유효강우량에 대해 나타내면,

$$P_e = \frac{P^2}{P+S} \tag{6.12}$$

이다. 이 식은 강우 발생 초기부터 즉시 유출이 발생되는 경우의 유효강우량이다. 강우 강도에 따라 다르지만 실제로 강우발생 초기에는 강우의 대부분이 침투되며 강우량이

침투량을 초과하는 시간이 지난 후에 유출이 발생된다. 그러므로 초기의 침투를 고려하면 식 (6.12)의 P값에서 초기손실을 빼서 보정하는데, SCS는 경험자료에 근거하여 유출이 발생하기 이전의 초기손실 I_a를 흙의 최대저류량 S의 20%로 간주하여 $0.2S$를 적용하였다. P 대신 $P-I_a$를 적용하여 식 (6.12)를 나타내면,

$$\frac{P_e(-0.2S)^2}{P+0.8S} \qquad\qquad P \geq 0.2S \qquad\qquad (6.13a)$$

$$P_e = 0 \qquad\qquad P < 0.2S \qquad\qquad (6.13b)$$

이다. 이때 초기손실은 지표면 굴곡에 의한 저류, 차단, 초기침투 등을 포함하며, 나머지 80%는 유출이 진행되면서 침투가 발생된다고 할 수 있다. 그러므로 S의 결정은 침투의 진행상태에 따라 다르며, 흙의 종류, 지표의 상태에 따라 다르기 때문에 이를 고려하여 SCS는 S(mm)를 구하는 방법을 다음과 같이 제안하였다.

$$S = \frac{25400}{CN} - 254 \qquad\qquad (6.14)$$

여기서 CN은 Curve Number로서 흙의 종류와 지표의 상태에 따른 지표이다.

CN값을 결정하기 위해 고려될 사항은 ① 흙의 종류, ② 토지의 사용용도, ③ 흙의 초기 함수상태이다. 이 3가지 요소는 CN값에 의하여 직접유출량 계산에 반영되기 때문에 이에 따라 CN값이 결정된다. 토양형의 분류는 표 6.2와 같이 모래 또는 실트의 함유율에 근거한 유출발생능력에 따라 TYPE-A, B, C, D로 구분하였다. 동일한 토양에 대해서도 토지의 용도에 따라서 유출 능력이 다르다. 표 6.3과 표 6.4는 토지 용도에 따른 CN값을 제시하고 있으며 이는 토양의 초기함수 상태가 보통(AMC-2) 조건일 때의 값이다.

표 6.2 토양형의 분류

토양형	토양의 특성
TYPE A	최저 유출 가능성(lowest runoff potential)을 가지고 있는 흙의 집단으로서 진흙, 실트가 거의 없는 깊은 모래층 또는 자갈층
TYPE B	유출 발생 가능성이 다소 높은(moderately low runoff potential) 사질토이며 침투율은 평균보다 높으나 진흙이나 실트가 다소 포함된 토양
TYPE C	유출 발생 가능성이 TYPE B보다 높은(moderately high runoff potential) 흙으로서 진흙과 실트가 많이 섞여 얇은 층을 구성하며 침투율은 평균보다 다소 낮은 토양
TYPE D	유출 발생 가능성이 가장 높은(highest runoff potential) 흙으로서 대부분이 진흙과 실트로서 불투수층과 직접 접하여 있는 토양

표 6.3 도시지역의 유출곡선지수(AMC-2 조건)

피복상태	평균불투수율 (%)	토양형 A	B	C	D
<완전히 개발된 도시지역> (식생 처리됨)	-				
개활지(잔디, 공원, 골프장, 묘지 등) :					
나쁜 상태(초지 피복률이 50% 이하)	-	68	79	86	89
보통 상태(초지 피복률이 50~75%)	-	49	69	79	84
양호한 상태(초지 피복률이 75% 이상)	-	39	61	74	80
불투수지역 :					
포장된 주차장, 지붕, 접근로 (도로경계선을 포함하지 않음)	-	98	98	98	98
도로와 길 :					
포장된 곡선길과 우수거 (도로경계선 포함하지 않음)	-	98	98	98	98
포장길 : 배수로(도로경계선을 포함)	-	83	89	92	93
자갈길(도로경계선을 포함)	-	76	85	89	91
흙길(도로경계선을 포함)	-	72	82	87	89
도시지역 :					
상업 및 사무실 지역	85	89	92	94	95
공업지역	72	81	88	91	93
주거지역(구획지 크기에 따라) :					
150평 이하	65	77	85	90	92
300평	38	61	75	83	87
400평	30	57	72	81	86
600평	25	54	70	80	85
1,200평	20	51	68	79	84
1,440평	12	46	65	77	82
<개발 중인 도시지역>	-	77	86	91	94

표 6.4 농경지역 및 임목지역의 유출곡선지수(AMC-2 조건)

토지 이용 상태	피복 처리 상태	토양의 수문학적 조건	토양형			
			A	B	C	D
휴경지	경사 경작	-	77	86	91	94
이랑경작지	경사 경작	배수 나쁨	72	81	88	91
	경사 경작	배수 좋음	67	78	85	89
	등고선 경작	배수 나쁨	70	79	84	88
	등고선 경작	배수 좋음	65	75	82	86
	등고선 및 테라스 경작	배수 나쁨	66	74	80	82
	등고선 및 테라스 경작	배수 좋음	62	71	78	81
조밀경작지	경사 경작	배수 나쁨	65	76	84	88
	경사 경작	배수 좋음	63	75	83	87
	등고선 경작	배수 나쁨	63	74	82	85
	등고선 경작	배수 좋음	61	73	81	84
	등고선 및 테라스 경작	배수 나쁨	61	72	79	82
	등고선 및 테라스 경작	배수 좋음	59	70	78	81
콩과 식물 또는 윤번초지	경사 경작	배수 나쁨	66	77	85	89
	경사 경작	배수 좋음	58	72	81	85
	등고선 경작	배수 나쁨	64	75	83	85
	등고선 경작	배수 좋음	55	69	78	83
	등고선 및 테라스 경작	배수 나쁨	63	73	80	83
	등고선 및 테라스 경작	배수 좋음	51	67	76	80
목초지 또는 목장		배수 나쁨	68	79	86	89
		배수 보통	49	69	79	84
		배수 좋음	39	61	74	80
	등고선 경작	배수 나쁨	47	67	81	88
	등고선 경작	배수 보통	25	59	75	83
	등고선 경작	배수 좋음	6	35	70	79
초지		배수 좋음	30	58	71	78
		배수 나쁨	45	66	77	83
삼림		배수 보통	36	60	73	79
		배수 좋음	25	55	70	77
관목숲	매우 듬성듬성	-	56	75	86	91
농가		-	59	74	82	86

유역의 유출 능력은 선행강우의 크기에 따라서 다르게 된다. 선행강우가 많으면 토양의 습윤도가 높아서 침투는 작아지고 유출은 커진다. 선행강우가 없는 경우에 매우 건

조한 상태가 되어 침투가 커지고 유출은 작아진다. 이와 같이 유출에 영향을 주는 토양의 선행함수조건(Antecedent Soil Moisture Condition, AMC)은 표 6.5에 나타냈으며 이를 1, 2, 3의 3개 상태로 구분하였다.

AMC-2 조건으로 산정된 $CN2$값은 AMC 조건에 따라 식 (6.15)를 이용하여 AMC-1 조건의 $CN1$이나 AMC-3 조건의 $CN3$로 조정이 필요하다.

표 6.5 선행토양함수조건의 분류

AMC group	5일 선행강우량 P_5(mm)	
	비성수기	성수기
1	$P_5 < 12.70$	$P_5 < 35.56$
2	$12.70 < P_5 < 27.94$	$35.56 < P_5 < 53.34$
3	$P_5 > 27.94$	$P_5 > 53.34$

주) AMC-1 : 유역의 토양은 대체로 건조상태에 있어서 유출률이 대단히 낮은 상태(Lowest Runoff Potential)
　　AMC-2 : 유출률이 보통인 상태(Average Runoff Potential)
　　AMC-3 : 유역의 토양이 수분으로 거의 포화되어 있어서 유출이 대단히 높은 상태(Highest Runoff Potential)

$$CN1 = \frac{4.2\,CN2}{10 - 0.058\,CN2} \tag{6.15a}$$

$$CN3 = \frac{23\,CN2}{10 + 0.13\,CN2} \tag{6.15b}$$

[예제 6.2] 풍영정천의 유역면적이 68.93km²이다. 이 유역의 이용형태가 다음 표와 같을 때 이 유역에 10cm의 강우가 발생하였다. AMC-1, 2, 3 조건하에서 CN값을 계산하고 AMC-2 조건에서 유효강우량을 구하여라.

표에서 주거지 규모는 400평으로 하고, 경작지는 배수가 좋은 경사 경작지이며, 임야에는 관목으로 이루어진 숲, 기타는 포장된 곡선길로 가정하여라. 표에서 밑줄 친 부분만 문제로 주어지는 값이고 다른 항은 풀이과정이다.

:: 풀이

토지 이용 형태	토양형						총면적 (km^2)	CN1 평균	CN2 평균	CN3 평균
	A		B		D					
	면적	CN	면적	CN	면적	CN				
주거지	3.95	57	3.36	72	1.15	86	8.46	45.9	66.9	82.3
경작지	35.69	67	11.30	78	5.65	89	52.64	51.6	71.7	85.4
임야	5.50	56	0.50	75	1.68	91	7.68	43.4	64.6	80.8
기타	-		0.01	98	0.14	98	0.15	95.4	98	99.1
계							68.93	50.1	70.4	84.5

주거지에 대한 $CN2$값을 계산하기 위해 유역면적을 가중치로 사용한다.

$$\frac{3.95}{8.46} \times 57 + \frac{3.36}{8.46} \times 72 + \frac{1.15}{8.46} \times 86 = 66.9$$

주거지의 $CN2$값과 식 (6.15)를 이용하여 CN1과 3의 값을 계산한다.

$$CN1 = \frac{4.2 \times 66.9}{10 - 0.058 \times 66.92} = 45.9$$

$$CN3 = \frac{23 \times 66.9}{10 + 0.13 \times 66.9} = 82.3$$

위와 같은 방법으로 경작지, 임야, 기타에 대해서도 $CN2$, $CN1$, $CN3$ 계산한다. $CN1$, $CN2$, $CN3$의 평균값도 유역면적을 가중치로 사용하여 계산한다.

예를 들어 $CN1$의 평균값 경우는,

$$\frac{8.46}{68.93} \times 45.9 + \frac{52.64}{68.93} \times 51.6 + \frac{7.68}{68.93} \times 43.4 + \frac{0.15}{68.93} \times 95.4 = 50.1$$

AMC-2 조건에서 유효강우량을 구하기 위해 식 (6.14)에 의해 S를 먼저 계산한다.

$$S = \frac{25400}{CN} - 254 = \frac{25400}{70.4} - 254 = 106.80$$

유효강우량 P_e는

$$P_e = \frac{(P-0.2S)^2}{P+0.8S} = \frac{(100-0.2 \times 106.80)^2}{100+0.8 \times 106.8} = 33\text{mm}$$

6.1 강우모의기를 이용하여 침투능을 산정하기 위해 실험을 통해 얻은 시간에 따른 누가우량과 누가유출량을 다음 표에 제시하였다. 누가침투량을 구하고 침투능곡선을 작성하여라. 또 누가침투량에 대한 회귀식을 시간에 대해 4차식으로 제시하여라.

시간 (min)	누가우량 (mm)	누가유출량 (mm)	시간 (min)	누가우량 (mm)	누가유출량 (mm)
0	0.0	0.0	30	36.0	20.1
2	2.5	1.2	40	47.2	25.9
5	5.7	3.0	50	58.8	33.9
10	12.0	6.2	60	68.9	42.1
15	18.2	9.5	80	89.9	57.2
20	23.1	12.5	100	121.2	73.5
25	30.1	15.5	120	138.0	93.3

6.2 해석적 침투모형 5가지를 열거하고 그 특성을 설명하시오.

* 풀이

해석적 침투모형은 침투율을 토양특성과 경과시간의 함수로 표현한 것임.

a) Horton 모형 : 침투율(mm/h) $f = f_c + (f_o - f_c)e^{-kt}$

$\quad\quad\quad\quad$ f : 시간 t에서 침투율, f_o, f_c 초기 및 종기 침투율

$\quad\quad\quad\quad$ k : 감쇠상수$[T^{-1}]$

$F = \int_0^t f(t)dt$에 $f_{t=o} = f_o$, $f_{t=\infty} = f_c$를 대입하여 적분하면

$F = f_c \cdot t + \dfrac{f_0 - f_c}{k}(1 - e^{-kt})$: 시간 t에서의 침투량

호우기간 중 유효강우량 $i_s \geq f$일 때만 적용됨.

(=강우량—증발, 차단)

b) Philip모형 : 침투율 $f = \dfrac{1}{2}St^{-0.5} + A$, S : 토양의 흡수계수

$\quad\quad\quad\quad\quad\quad\quad\quad\quad$ A : 침투계수$\doteqdot f_c$

$f_{t=0} \neq \infty$, $\quad f_{t=\infty} = A$

적분하면 침투량 $F = St^{0.5} + At$

c) Hortan 모형 : 침투능~토양수분저류량, 공극률, 뿌리의 영향

$\quad\quad$ 침투율 $f = GIAS_a^{1.4} + f_c$, GI : 작물성장지수

$\quad\quad\quad\quad\quad\quad$ A : 뿌리밀도

$$S_a : \text{지표층 가용저류용량} = (\theta_s - \theta_i)d$$

θ_s : 종기함수비, θ_i : 초기함수비, d : 표토층 두께(경작깊이), ET : 증발산량

$$S_{a,t} = S_{a,t-1} - F + f_{c,t-1}\Delta t + ET$$

d) Green-Ampt 모형 : Darcy 법칙의 이론적 근거에서 유도된 간단한 모형 흙의 특성에서 유도 가능한 물리적 매개변수, 다양한 적용성

침투율 $f = K(h_0 + \psi + L)/L$, K : 투수계수(mm/h), h_0 : 담수심(m)

$$\psi : \text{모관흡인수두(m)}, \quad L : \text{습윤전선깊이(m)}$$

침투량 $F = (\theta_s - \theta_i)L = \Delta\theta L$, $L = F/\Delta\theta$ 이므로 $h_0 \approx 0$ 이라면 $f = K\left(1 + \dfrac{\psi}{L}\right)$

$$= K\left(1 + \dfrac{\Delta\theta\psi}{F}\right) \text{이다.}$$

$F_t = 0$ 를 이용 t 에 대해 적분하면, 침투량 $F = Kt + \Delta\theta\psi\ln\left(1 + \dfrac{F}{\Delta\theta\psi}\right)$

e) SCS모형 : 유역에 최대잠재보유수량 S 가 존재하고, 실제저류용량 F, 유출 Q, 강우량 P, 초기손실 I_a 와 S 사이에 $\dfrac{F}{S} = \dfrac{Q}{P - I_a}$ 의 관계가 성립한다고 가정. $I_a = aS$

물수지식 $F = P - I_a - Q = (P - I_a) - \dfrac{F}{S}(P - I_a)$ 이므로 $F = \dfrac{S(P - I_a)}{P - I_a + S}$: 침투량

침투율 $f = \dfrac{dF}{dt} = \dfrac{S^2}{(P - I_a + S)^2}\dfrac{dP}{dt} = i\dfrac{S^2}{(P - I_a + S)^2}$

6.3 강우지속시간 12시간 동안 누가침투량이 46.5mm이고, 종기침투능이 0.9mm/hr, 토양 및 표면에 따른 감쇄상수 k는 0.2hr^{-1}일 때, 2, 5, 10시간의 침투능과 10시간 누가침투량을 구하시오.

* 풀이

Horton의 침투능곡선 $f = f_c + (f_o - f_c)e^{-kt}$

누가침투량 $F = f_c t + \dfrac{1}{k}(f_o - f_c)(1 - e^{-kt})$

$$45 = 0.9 \times 12 + \dfrac{1}{0.2}(f_o - 0.9)(1 - e^{-0.2 \times 12}), \quad f_o = 8.75\text{mm/hr}$$

$$f = 0.9 + (8.75 - 0.9)e^{-0.2t} = 0.9 + 7.85e^{-0.2t}$$

침투능 $f_2 = 0.9 + 7.85e^{-0.2 \times 2} = 6.16\text{mm/hr}$

$$f_5 = 0.9 + 7.85e^{-0.2 \times 5} = 3.79\text{mm/hr}$$

$$f_{10} = 0.9 + 7.85e^{-0.2 \times 10} = 1.96\text{mm/hr}$$

시간 (hr)	침투능 (mm/hr)	누가침투량 (mm)
0	8.75	0.00
1	7.33	8.01
2	6.16	14.74
3	5.21	20.41
4	4.43	25.21
5	3.79	29.31
6	3.26	32.83
7	2.84	35.87
8	2.48	38.53
9	2.20	40.86
10	1.96	42.94
11	1.77	44.80
12	1.61	46.49

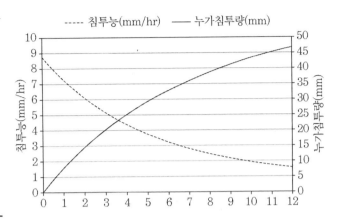

6.4 어떤 지역에서 초기침투능이 38.0mm/hr, 최종침투량이 4.5mm/hr, 감소계수 k가 0.5/hr일 때 Horton의 공식에 의해 1, 2, 3, 5, 7, 10시간에서 침투능과 10시간에 대한 누가침투량을 구하여라. 그리고 침투능 곡선을 그림으로 제시하라.

6.5 강우량이 5시간 동안(4, 12, 15, 8, 6 mm)이고, 유출고가 25mm이다. 강우의 지면보류율이 0.2일 때 ϕ index와 w index를 구하라.

* 풀이

$P = 45\text{mm}$ (총강우량)

누가 침투량 $F = \sum R - Q = 45 - 25 = 20\text{mm}$

1) $\phi = \dfrac{F}{T} = \dfrac{P-Q}{T} = \dfrac{45-25}{5} = 4\text{mm/hr} \leq R_{i=1 \sim 5}$

2) $w = \dfrac{P-Q-D}{T} = \phi - \dfrac{D}{T} = 4 - \dfrac{4.5 \times 0.2}{4} = 2.2\text{mm/hr}$

6.6 어떤 유역에 강우량이 1시간 간격으로 15, 20, 33, 18, 8, 5mm로 관측되었다. 이 유역에서 직접유출량이 60mm로 관측되었을 때 평균침투량을 Φ-지표법과 W-지표법으로 계산하여라. 지면 보유량은 총강우의 10%로 가정한다.

6.7 토양수분의 연속방정식과 운동량방정식을 이용하여 Green-Ampt 누가침투량 공식을 유도하시오(변수가 모두 표기된 그림 제시).

* 풀이

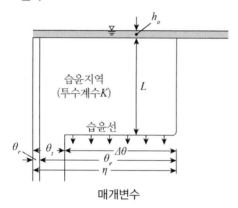

매개변수

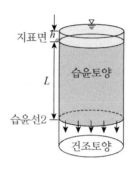

Green-Ampt 모형

① 연속 방정식 $FA = AL(\eta - \theta_i) = AL\Delta\theta, \ F = L\Delta\theta$

② 운동량 방정식 연직방향 물 흐름 $g = -f$

Darcy 공식 $q = -k\dfrac{\partial h}{\partial z} = -K\left(\dfrac{h_1 - h_2}{L}\right) = -K\left[\dfrac{h_0 + (\psi + L)}{L}\right]$

$L = z_1 - z_2, \ h_1 = h_0, \ h_2 = -(\psi + L), \ h_0 \ll \psi + L$ 이고 $L = \dfrac{F}{\Delta\theta}$ 이므로

$f = -g \doteqdot K\left(\dfrac{\psi + L}{L}\right) = K\left(\dfrac{\psi\Delta\theta + F}{F}\right) = \dfrac{dF}{dt}$ 침투능

$\dfrac{F + \psi\Delta\theta - \psi\Delta\theta}{F + \psi\Delta\theta}dF = \left(1 - \dfrac{\psi\Delta\theta}{F + \psi\Delta\theta}\right)dF = Kdf$

$[F - \psi\Delta\theta\ln(F + \psi\Delta\theta)]_0^{F_t} = Kt\big|_0^t$

$F_t - \psi\Delta\theta\ln\left(\dfrac{F + \psi\Delta\theta}{\psi\Delta\theta}\right) = Kt$

$F_t = Kt + \psi\Delta\theta\ln\left(1 + \dfrac{F_t}{\psi\Delta\theta}\right)$ 시행착오법 적용 시 $F = Kt$ 를 초기 값으로 적용

6.8 어떤 유역에서 성수기에 발생된 강우량 기록이 다음과 같다. 이 유역의 유출곡선지수 $CN = 63.0$일 때 SCS 방법에 의해 강우사상별 유효강우량(직접유출량)을 산정하여라.

강우사상	강우량(mm)	5일 선행강우량 P_5(mm)
1	35	5
2	170	116
3	110	24
4	92	40

6.9 어떤 유역의 토양 종류와 토지이용상태가 다음과 같을 때 이 유역의 유출곡선지수 CN 값을 산정하여라. 단, 논(이랑경작지)과 밭(조밀경작지)은 배수가 좋은 경사경작지이다.

토지 이용상태	토양형에 따른 면적(km²)				계(km²)
	A	B	C	D	
논	2.4	1.8	0.0	0.0	4.2
밭	1.9	2.2	0.0	0.0	4.1
교통시설	0.2	0.1	0.1	0.0	0.4
주거지	0.2	0.1	0.0	0.0	0.3
초지	0.6	0.4	0.2	0.3	1.5
계	5.3	4.6	0.3	0.3	10.5

6.10 다공성매질에서 1차원 비포화 부정류의 연속방정식과 운동량방정식을 설명하시오.

* 풀이

① 연속방정식 : 검사체적 $dV = dxdydz$ 내 물의 체적 $\theta dxdydz$ z축 연직흐름률만 고려, dV 에 대한 질량보존원리

$$0 = \frac{d}{dt}\int_{cv}\rho_w\theta dV + \int_{cs}\rho_w VdA$$

$$= \frac{d}{dt}\int_{cv}(\rho_w\theta dxdydz) + \rho_w\left(q + \frac{\partial q}{\partial z}dz\right)dxdy - \rho_w qdxdy$$

$$0 = \left(\rho_w dxdydz\frac{\partial\theta}{\partial t} + \rho_w dxdydz\frac{\partial q}{\partial z}\right) \div \rho_w dxdydz = \frac{\partial\theta}{\partial t} + \frac{\partial q}{\partial z} \text{ : 비포화 부정류 연속eq.}$$

② 운동량방정식 :

$$\text{Darcy 흐름률} \quad q = KS_f = -K\frac{\partial h}{\partial z} = -K\frac{\partial(\psi+z)}{\partial z} = -\left(K\frac{\partial\psi}{\partial\theta}\frac{\partial\theta}{\partial z} + K\right)$$

$$= -\left(D\frac{\partial\theta}{\partial z} + K\right) \text{ : 운동량방정식, } D = \frac{\partial\psi}{\partial\theta}$$

식 ①에 ②를 대입하면 $\rightarrow$ $\frac{\partial\theta}{\partial t} = -\frac{\partial q}{\partial z} = \frac{\partial}{\partial z}\left(D\frac{\partial\theta}{\partial z} + K\right)$: 1차원 Richard식.

6.11 다음 중 침투능을 추정하는 방법은?

가. N-day 법 　　　나. ϕ-index 법 　　　다. DAD 해석법 　　　라. Theis 법

정답_나

6.12 1시간 간격의 강우량이 12.6, 23.3, 18.3, 5.7mm이다. 지표유출량이 38mm일 때 ϕ-index는?

　　가. 3.34mm/hr　　　나. 4.72mm/hr　　　다. 5.47mm/hr　　　라. 6.91mm/hr

정답_다

6.13 SCS의 초과강우량 산정 방법에 대한 설명 중 옳지 않은 것은?

　　가. 유역의 토지이용형태는 유효우량의 크기에 영향을 준다.

　　나. 유출곡선지수(runoff curve number)는 총우량으로부터 유효우량의 잠재력을 표시하는 지수이다.

　　다. 투수성지역의 유출곡선지수는 불투수성지역의 유출곡선지수보다 큰 값을 갖는다.

　　라. 선행토양함수조건(antecedent soil moisture condition)은 1년을 성수기와 비성수기로 나누어 각 경우에 대하여 3가지 조건으로 구분하고 있다.

정답_다

6.14 다음 중 토양의 침투능(Infiltration Capacity) 결정 방법에 해당되지 않는 것은?

　　가. 침투계에 의한 방법　　　　　　나. 경험공식에 의한 방법

　　다. 침투지수에 의한 방법　　　　　라. 물수지 원리에 의한 방법

정답_라

07
—
유 출

CHPATER 07 · 유 출

강우가 발생하였을 때 유출(runoff)은 강우의 일부가 지표 또는 하천으로 흐르는 과정을 말하며 유역 출구 지점 또는 관심 대상 지점에서 측정한다. 유역에 강우가 발생하면 유역의 출구에서 유량은 그 유역의 반응에 따라 여러 가지 형태로 나타난다. 즉, 그 유역에서 토양의 종류, 토지 이용 상태, 흙의 피복상태, 선행강우에 따른 토양 내의 함수상태 등에 따라 지표면으로 흐르는 유출량은 다르다. 그리고 유역 크기, 유역 경사, 유역 형상, 하천 길이, 하천 경사 등의 영향을 받는다. 즉, 유출은 강우에 대하여 유역의 모든 요소가 반영된 결과라 할 수 있다. 유출의 분석과 예측을 통해서 하천유량을 정량적으로 파악함으로써 수자원의 효율적인 이용, 가뭄과 홍수로부터의 피해를 최소화할 수 있다. 이 과정을 해석하려는 노력이 필요하며 이를 위해 수문학자들은 수학, 통계뿐만 아니라 많은 경험을 통해 유출 해석을 시도하고 있다.

본 장에서는 유출현상, 수문곡선의 분석, 단위유량도의 유도, 유량 자료의 분석 등에 대하여 기술한다.

7.1 유출의 구성

강우가 유역의 지표면에 도달하면 여러 경로를 통해서 유역의 출구지점까지 흘러가는 과정은 다양하다. 강우의 강도가 침투능력을 초과하면 지표면을 따라 흐르는 유출이 발생되는데 이를 **지표면유출**(surface runoff)이라 한다. 이 흐름은 지표면을 따라 흐르는 면상 흐름(sheet flow)이고 층류의 특성을 갖는다. 강우의 일부가 침투되면서 수직과 수평 방향으로 흐름이 발생되는데 이중 수평 방향 흐름을 통해 지표면 상부로 유출되는 것을 **복류수유출**(지표하유출, 중간유출, subsurface flow, interflow)이라 한다. 복류수유출의 일부는 신속하게 하천으로 유입(조기 지표하유출)될 수 있으며 나머지는 상당기간에 걸쳐 하천으로 유입(지체 지표하유출)된다. 지표면유출과 복류수유출을 합하여 **직접유출**(direct runoff)이라 한다. 침투되면서 수직 방향으로 흐름이 발생되다가 지하수 수위를 상승시키는 침루가 있으며, 지하수 수위가 증가하여 하천이나 바다로 **지하수유출**이 발생된다. 직접유출과 지하수유출의 합을 총유출이라 하며 이 과정을 그림 7.1에 제시하였다. 이론적으로 이와 같이 구분하였으나 현장에서 명확한 구분은 쉽지 않다. 강우가 발생하지 않은 평상시에 하천을 통해 흐르는 유량을 **기저유출**(base flow)이라 하는데 이는 지하수유출과 지체 지표하유출의 합을 의미한다. 지체 지표하유출이 미미함으로 기저유출과 지하수유출을 동일하게 취급할 수도 있다.

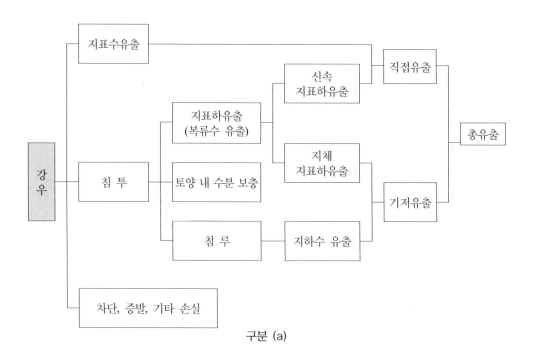

구분 (a)

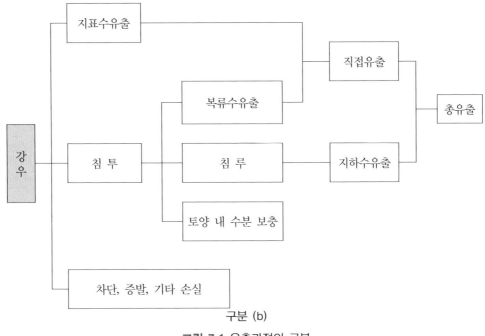

구분 (b)

그림 7.1 유출과정의 구분

강우량은 크게 초과강우량과 손실량으로 구분할 수 있다. 침투능력을 초과하여 발생된 지표면유출량에 해당하는 강우를 **초과강우**(rainfall excess)라 하고, 직접유출에 해당하는 강우를 **유효강우**(effective rainfall)라 한다. 복류수 유출이 발생하지 않으면 초과강우와 유효강우의 값이 동일한 경우도 있으며 종종 초과강우과 유효강우를 동일한 용어로 사용하는 경우도 있다.

강우가 시작되기 전에 하천유량은 주로 지하수층으로부터 물을 공급(기저유출) 받는다. 이는 지하수층의 수위가 하천수위보다 높기 때문이며 침출천이라 부른다. 반대로 강우가 발생되어 하천수위가 상승하게 되어 지하수층의 수위보다 높은 경우에 하천에서 지하수층으로 물이 이동하게 되는데 이를 함양하천이라 한다.

이상을 종합하면, 강우가 시작되기 이전에 하천유량은 지하수층으로부터 공급되는 기저유출에 의해 결정되며 시간이 흐를수록 그 유량은 점점 감소될 것이다. 강우가 시작되면 식물에 의한 차단, 증발, 지표면의 굴곡에 의한 저류, 지표면 아래로의 침투 등에 의한 손실이 이루어지며 강우강도가 손실양보다 크면 유출이 발생된다. 계속되는 강우에 의해 토양 내부가 포화상태에 이르면 침투량은 투수계수에 접근한다. 증발과 증산은 둔화되고 차단과 굴곡에 의한 저류는 일정한 값에 이르게 된다. 침투와 침루에 의한 복류수유출과 지하수유출, 지표면유출로 인해 하천 유량은 급격하게 증가한다. 이 과정은 강우가 중단될 때까지 계속되며, 강우가 중단되면 먼저 지표면유출이 감소되어 중단되고 지표면 아래에서 토양 내의 수분은 재분배 과정을 거치며 복류수유출과 침루가 토양의 수분 함유능력으로 감소될 때까지 진행된다. 이 과정이 중지되면 하천 유량은 지하수유출과 하천 수로에 저류된 물이 감소하면서 수위는 감소된다. 강우가 시작되어 수위가 증가할 때보다 감소율은 천천히 이루어진다.

Hoyt는 지금까지 살펴본 유출과정을 5단계로 구분하여 설명하였다.

- 1단계 : **무강우단계**로서 강우가 시작되기 전 과정으로서 긴 기간 동안에 강우가 없는 단계로 하천유량은 지하수유출에 의존하며 계속적으로 유출이 감소하고 있으므로 하천 유량 역시 계속 감소한다.

- 2단계 : **강우초기단계**로서 강우가 발생하면 강우는 수로상 강우, 식물에 의한 차단, 지표면 아래로의 침투, 지표면의 저류 등으로 구분된다. 침투로 인해 지표면하의 토양 공극의 수분으로 채워지는 단계로 지표면유출은 거의 발생되지 않으며 증발과 증산은 약간 발생한다.

- 3단계 : **강우지속단계**로서 여러 가지의 강우강도로 강우가 발생하는 시기이다. 차단과 굴곡에 의한 저류능력을 강우가 초과하면 지표면유출이 발생하며 그 양은 토양의 저류능력에 따라 변한다. 강우가 계속되면 지하수 수위가 상승하여 지하수유출량이 증가하고 하천유량에 기여한다. 그러나 지하수 수위의 상승은 천천히 발생하고 하천의 수위는 급하게 상승하기 때문에 하천수가 지하수층으로 흘러가 지하수 수위를 상승시킬 수 있다. 이 기간 동안에는 대기가 습하기 때문에 증발과 증산은 적게 발생한다.

- 4단계 : **강우충만단계**로서 지표면 아래 토양 내부가 수분으로 충만될 때까지 계속 내리는 기간이다. 침투율은 지하수면과 지하수유출로 이동하는 율과 같아진다. 지표면유출에 합류되는 지표하유출은 토양의 공극율에 의존한다. 강우가 계속됨에

따라 지하수유출량과 지하수함양량이 평형을 이룰 때까지 지하수 수위는 상승하고 추가적인 강우는 모두 유출에 기여한다.

- 5단계 : **강우종료단계**로서 1단계인 무강우단계로 접어드는 기간으로 하천수와 지표면유출량이 감소된다. 증발과 증산이 증가하고 토양 내 수분의 재분배 과정이 이루어진다. 하천 유량은 천천히 감소되며, 지하수위는 첨두유출이 발생할 때까지 증가하다가 다시 감소하기 시작한다.

5단계로 유출순환과정을 단순화하였지만 실제로는 유출에 대한 영향인자가 다양하기 때문에 복잡하다. 강우기간 동안에 시간에 따라 각 유출이 변하는 과정을 그림 7.2에 제시하였다. 강우 초기에는 식물에 의한 차단, 지표면의 굴곡에 따른 저류, 증발산, 침투 등의 손실이 크게 나타나고, 강우가 계속됨에 따라서 차단이나 지면저류에 의한 손실은 상대적으로 감소하며, 추가되는 대부분의 강우는 지표면유출이 크고 복류수유출과 지하수유출이 합해져 총유출을 이룬다.

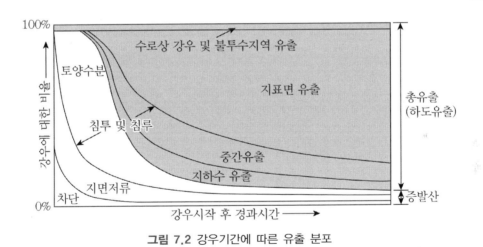

그림 7.2 강우기간에 따른 유출 분포

7.2 유출수문곡선

유출수문곡선은 유역의 출구지점, 또는 하천의 특정한 대상지점에서 시간에 따른 유량의 변화를 나타낸 그래프이다. 수위와 유량을 시간에 따라 나타낸 그래프를 각각 수위수문곡선, 유량수문곡선이라 부르며, 일반적인 수문곡선은 유량수문곡선을 의미한다. 특정지점의 수문곡선은 해당유역의 지형과 기상특성이 반영된 유출과정의 결과이므로, 유출수문곡선은 물의 순환과정에서 그 유역의 강우-유출관계 정보를 제공한다.

이수와 치수 목적에 따라 수문곡선은 연유출수문곡선과 호우수문곡선으로 구분된다. 연유출수문곡선은 1년 동안의 하천유량을 나타낸 것으로 그 유역의 강우, 증발, 하천유출의 장기간의 변화를 보여 줌으로서 장기적인 수자원의 이용과 계획에 사용되고, 호우수문곡선은 치수목적으로 홍수량, 홍수위, 저류용량 등 홍수유출분석에 이용된다.

7.2.1 수문곡선의 구성

수문곡선은 유역의 출구나 특정 하천 단면에서 시간에 따른 유량의 변화를 나타낸 그림으로서 그 유량은 직접유출과 기저유출로 구성되어 있다. 기저유출은 장기간 지속되는 지하수유출과 지체 복류수유출이며 신속 복류수유출은 단기간에 걸친 직접유출에 포함된다. 강우와 지형의 조건에 따라 수문곡선의 형태는 다양하게 나타나며 전형적인 수문곡선의 형태는 그림 7.3과 같다.

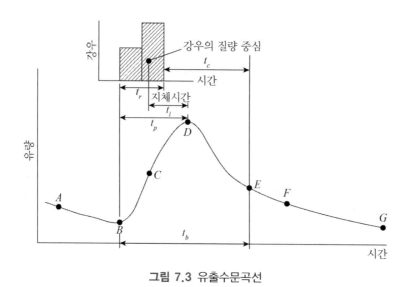

그림 7.3 유출수문곡선

A−B 구간은 강우 발생 이전으로 기저유출량에 해당되며 수문곡선의 접근부분이라 할 수 있다. B−D는 수문곡선의 상승부분, D는 첨두시간의 첨두유출량이다. D−G는 수문곡선의 하강부분이며 E지점은 지표면유출이 종료되고 E-F는 하도에 저류되어 있던 저류량 신속복류수 유출량이 수위가 저하되면서 방류되다가 F지점에서 종료됨을 의미한다. 상승부의 C점과 하강부의 E점은 변곡점(inflection point)이며 B−C 부분은 지표면과 수로의 저류로 유량의 증가를 나타내주는 부분으로 유역의 지형학적 인자와 기상학적 인자의 영향을 받는다. 또한 E점은 지표면유출이 종료됨을 의미한다. F−G는 지하 대수층에서 공급되는 지하수 유출량으로 지하수감수곡선이라 한다. 지하수층에서 하천으로 공급되는 물은 지수함수적으로 감소되는 것으로 알려져 있다. 지하수 감수곡선은 다음과 같다.

$$Q_t = Q_o K^t \tag{7.1}$$

여기서 Q_t는 Q_o 발생 시부터 t 시간 이후의 유량, Q_o는 감수곡선상의 임의시간에서 유량, K는 지하수 감수계수이다.

그림 7.3에서 우량주상도와 유출수문곡선과의 특성을 정리하면 다음과 같다.

(1) 지체시간(lag time) t_l : 강우의 질량 중심에서 유출수문곡선의 첨두 발생 지점까지의 시간

(2) 첨두 발생 시간(peak time) t_p : 강우 시작부터 첨두유량 발생까지의 시간

(3) 도달시간(concentration time) t_c : 강우가 종료된 이후부터 지표면유출이 중지된(변곡점 E) 곳까지의 시간, 혹은 유역 내에서 가장 먼 곳에서부터 출구지점까지 물의 유하시간

(4) 기저시간(base time) t_b : 수문곡선의 상승부분부터 지표면유출이 끝나는 지점까지의 시간이므로 도달시간(t_c)과 강우 지속시간(t_r)의 합으로 나타낸다. 혹은 직접유출이 끝나는 시간까지로 사용하는 경우도 있다.

[예제 7.1] 어느 하천에서 시간에 따른 유출량이 다음과 같이 관측되었다. 이 자료를 이용하여 감수계수 K를 구하고 시간 20hr에서 지하수유출량을 산정하시오.

시간 (hr)	1	2	3	4	5	6	7	8	9	10	11	12	13	14	15	16	17	18
유량 (m³/s)	186	158	137	106	80	62	51	42	38	32	28	24	23	22	21	20	19	18

:: 풀이

식 (7.1)을 이용하여 감수계수 K를 산정한다. 주어진 자료를 이용하여 시간을 산술축, 유량을 대수축으로 나타낸다. 그림에서 직선으로 나타난 시작점이 12시이므로 12시 이후 유량이 지하수유출량에 해당된다. 따라서 12시 이후 유량자료에 감수곡선식을 적용한다.

감수계수 K를 산정하기 위해 $Q_{12} = 24\text{m}^3/\text{s}$이고 $Q_{13} = 23\text{m}^3/\text{s}$를 이용한다. 식 (7.1)의 양변에 대수를 취하면 $\log Q_t = \log Q_0 + \log K \cdot t$이다. $\log K$는 그림에서 기울기에 해당된다. 즉, $\log K = \dfrac{-(\log Q_{12} - \log Q_{13})}{13 - 12}$ 이므로 $\log K = \log \dfrac{Q_{13}}{Q_{12}} = \log \dfrac{23}{24}$ 이다. 즉, $K = \dfrac{23}{24} = 0.96$ 이다.

12시에서 유량 $Q_{12} = Q_0$로 설정하고, 8시간 후인 20hr의 유량 Q_{20}이 지하수 유출량임. $Q_{20} = Q_{12}K^8 = 24(0.96)^8 = 17.3\text{m}^3/\text{s}$

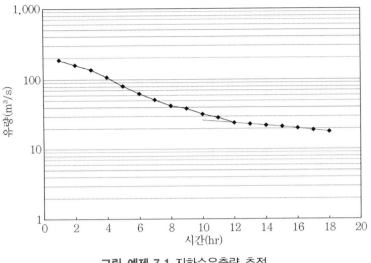

그림 예제 7.1 지하수유출량 추정

7.2.2 유출에 영향을 주는 요소

유출수문곡선에 영향을 주는 요소는 크게 지형학적인 요소와 기상학적인 요소로 구분할 수 있다. 지형학적인 요소는 유역특성과 하도특성으로 구분할 수 있으며 유역특성에는 유역의 크기, 유역의 경사, 유역의 형상, 지표면의 이용 상태, 지하수 함양능력, 호수/저수지/습지 등의 존재여부이며 하도특성에는 하도 단면의 형태, 하도 경사, 조도, 하도의 분포 등이다. 기상학적인 요소로는 강우의 강도와 지속시간, 강우의 시·공간적 분포, 강우의 진행방향, 증발, 증산 등이 있다.

(1) 지형학적 요소

하천의 임의 지점을 통과하는 유량에 기여하는 영역을 유역이라 하는데 유역의 경계는 일반적으로 지형적인 분수계를 따른다. 하천의 특정지점이나 출구에서 그 고유의 유역이 존재한다. 그러므로 하천의 특정지점이나 출구에서 유출은 유역의 크기, 형태, 경사에 의존한다.

유역면이 커짐에 따라 첨두유출량은 증가하지만 단위면적당 유량은 감소한다. 강우강도는 유역면적이 클수록 유역의 평균강우강도가 작아지고 유역의 도달시간은 길어

지므로 하도의 저류 효과, 증발산과 침투 등으로 유출량이 감소하며 직접유출의 기저시간도 길어진다.

유역의 형상이 수문곡선에 미치는 영향은 유하시간-유역면적의 관계로부터 알 수 있다. 그림 7.4는 유역에 **등유하시간선**(유역의 출구를 기준으로 동일한 유하시간을 갖는 점들을 연결하여 작성한 선)을 작성하여 유역출구에 도달하는 시간 $t_1, t_2, t_3, \cdots, t_7$을 나타낸 것이다. 등유하시간선 사이의 면적을 $\Delta A_1, \Delta A_2, \Delta A_3, \cdots, \Delta A_7$이라 할 때 유하시간과 구간면적의 관계를 그림 7.4에 나타냈다.

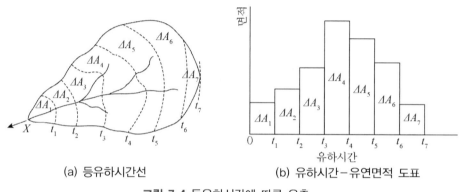

(a) 등유하시간선　　　　　(b) 유하시간-유연면적 도표

그림 7.4 등유하시간에 따른 유출

이 유역에 균등하게 내린 유효강우량 r(mm/hr)의 강우지속시간이 등유하시간의 간격과 같은 경우, 유역에 저류효과가 없다면, 유역 출구에서 유출량은 다음과 같다.

$t = t_1$에서 $Q_1 = r\Delta A_1$

$t = t_2$에서 $Q_2 = r\Delta A_2$

....

$t = t_7$에서 $Q_7 = r\Delta A_7$

이다. 이를 일반화하여 나타내면 다음과 같다.

$$Q_i = r\Delta A_i \tag{7.2}$$

이 경우에 유역출구에서 수문곡선은 유하시간-유역면적과의 관계와 동일한 형태이다. 유역의 지형요소는 등유하시간선을 결정하기 때문에 수문곡선에 영향을 준다. 만일 이 유역에서 강우 지속시간 t_r이 t_7보다 큰 경우에 유량은 다음과 같다.

$$Q_i = r\left(\sum_{j=1}^{i}\Delta A_j\right) \tag{7.3}$$

유역의 형상이 수문곡선에 미치는 영향을 그림 7.5에 개략적으로 도시하였다. (a)와 같은 경우에 수문곡선의 상승부분이 비교적 완만하면서 하강부분은 급한 경사를 갖는 특징을 갖고 있다. 반대로 (b)와 같은 경우에 수문곡선의 상승부분은 급격한 경사를 갖으며, 도달시간을 비교할 때 (a)가 (b)보다 길고, 첨두유량은 (a)가 (b)보다 작음을 알 수 있다. (c)와 같은 경우에 유역의 하천 구조를 고려할 때 첨두유량이 두 번에 걸쳐 발생되는 형상이다.

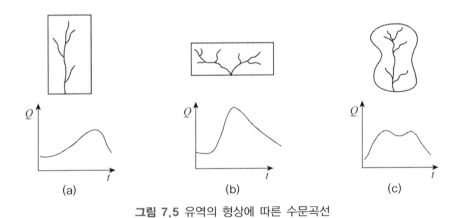

그림 7.5 유역의 형상에 따른 수문곡선

(2) 기상학적 요소

강우의 형태, 증발, 증산 등과 같은 기상학적인 요소는 유출에 영향을 주며, 이 요소들은 그 지역의 기후인자(기온, 기압, 풍향, 풍속 등)들에 의해 영향을 받는다.

강우특성에서 강우강도와 그 지속기간, 강우의 시간적 분포, 강우의 진행방향, 선행 강우 등이 유출에 영향을 준다. 강우의 시간적 분포에 따라서 전반 부분에 강도가 큰 advance type(대류형 강우－소나기 등), 후반 부분에 강도가 큰 delay type(전선형 강우－장마 등)으로 구분할 수 있다. 전자는 수문곡선 상승부의 경사가 급하고 후자는 완만한 상승곡선과 급한 하강곡선 형태를 갖는다.

강우의 이동 방향에 따라서 도달시간이나 첨두유출량이 다르게 나타난다. 예를 들면 유역 출구(하류)에서부터 상류방향으로 이동하는 강우인 경우에 첨두 발생 시간은 짧고 첨두유량은 작게 되면서 다소 길어진다(그림 7.6a). 반대로 유역의 상류에서 하류방향으로 강우가 이동하는 경우에 전유역의 유출량이 첨두유량이 기여할 가능성이 크기 때문에 첨두 발생 시간은 느려지고 첨두유량은 크게 된다(그림 7.6b).

강우의 일부가 증발을 통해서 대기 중으로 돌아감으로서 유출은 감소되며 증발은 온도, 기압 등과 같은 기후의 영향을 직접 받는다. 기온, 태양에너지, 바람, 토양함수량 등과 같은 기후인자들에 의해 영향을 받는 증산도 유출에 영향을 준다.

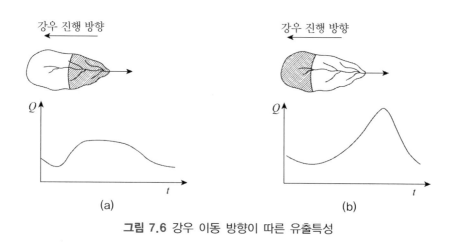

그림 7.6 강우 이동 방향이 따른 유출특성

[예제 7.2] 완전히 포장된 주차장에 강우가 발생되었을 때 주차장의 출구에 대한 수문곡선을 작성하시오. 주차장의 유하시간과 강우분포는 다음 표 및 그림과 같다.

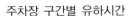

주차장 구간별 유하시간

구간	유하시간
A→B C→B D→E F→E	15분
B→E	10분

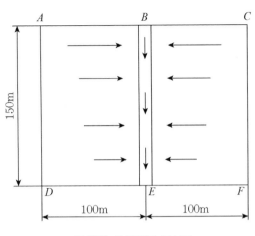

주차장 유출경로 모식도

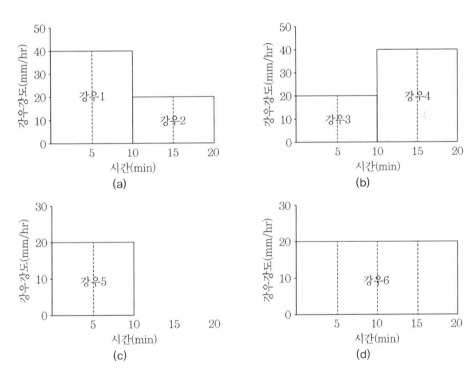

그림 예제 7.2.1 주차장 설계강우의 시간분포

:: 풀이

주차장은 완전히 포장되어 있어서 손실은 없는 것으로 하며 평탄하므로 저류로 인한 수문곡선의 변화는 없는 것으로 한다. 주차장에 대한 등유하시간을 표시하였으며 해당하는 면적을 계산하였다.

구간면적 $\Delta A_1 = 1{,}250\text{m}^2$, $\Delta A_2 = 3{,}750\text{m}^2$, $\Delta A_3 = 5{,}000\text{m}^2$,

$\Delta A_4 = 3{,}750\text{m}^2$, $\Delta A_5 = 1{,}250\text{m}^2$

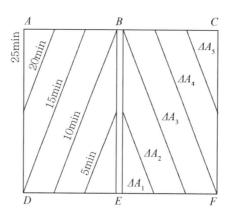

그림 예제 7.2.2 등유하시간선

(1) 설계강우 (a)에 따른 수문곡선

시간 10분에서의 계산 예

$$(\Delta A_1 + \Delta A_2)R_1 \times 2 = (1{,}250\text{m}^2 + 3{,}750\text{m}^2)40\text{mm/hr} \times 2\frac{1}{1{,}000(60 \times 60)} = 0.111\text{m}^3/\text{s}$$

시간(min)	강우1에 의한 유량(m³/s)	강우2에 의한 유량(m³/s)	총유량(m³/s)
0	0	0	0
5	$\Delta A_1 R_1 \times 2 = 0.028$	0	0.028
10	$(\Delta A_1 + \Delta A_2)R_1 \times 2 = 0.111$	0	0.111
15	$(\Delta A_2 + \Delta A_3)R_1 \times 2 = 0.194$	$\Delta A_1 R_2 \times 2 = 0.014$	0.208
20	$(\Delta A_3 + \Delta A_4)R_1 \times 2 = 0.194$	$(\Delta A_1 + \Delta A_2)R_2 \times 2 = 0.056$	0.250
25	$(\Delta A_4 + \Delta A_5)R_1 \times 2 = 0.111$	$(\Delta A_2 + \Delta A_3)R_2 \times 2 = 0.097$	0.208
30	$\Delta A_5 R_1 \times 2 = 0.028$	$(\Delta A_3 + \Delta A_4)R_2 \times 2 = 0.097$	0.125
35	0	$(\Delta A_4 + \Delta A_5)R_2 \times 2 = 0.056$	0.056
40	0	$\Delta A_5 R_2 \times 2 = 0.014$	0.014
45	0	0	

(2) 설계강우 (b)에 따른 수문곡선

시간(min)	강우3에 의한 유량(m^3/s)	강우4에 의한 유량(m^3/s)	총유량(m^3/s)
0	0	0	0
5	0.014	0	0.014
10	0.056	0	0.056
15	0.097	0.028	0.125
20	0.097	0.111	0.208
25	0.056	0.194	0.250
30	0.014	0.194	0.208
35	0	0.111	0.111
40	0	0.028	0.028
45	0	0	

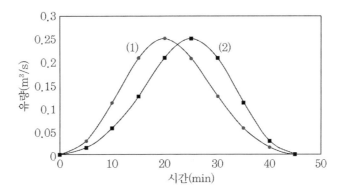

그림 예제 7.2.3 강우1-2에 의한 유출량(1)과 강우3-4에 의한 유출량(2) 비교

(3) 설계강우 (c)에 따른 수문곡선

시간(min)	강우5에 의한 유량(m^3/s)	총유량(m^3/s)
0	0	
5	$\Delta A_1 R_5 \times 2$	0.014
10	$(\Delta A_1 + \Delta A_2) R_5 \times 2$	0.056
15	$(\Delta A_2 + \Delta A_3) R_5 \times 2$	0.097
20	$(\Delta A_3 + \Delta A_4) R_5 \times 2$	0.097
25	$(\Delta A_4 + \Delta A_5) R_5 \times 2$	0.056
30	$\Delta A_5 R_5 \times 2$	0.014
35	0	
40	0	
45	0	

(4) 설계강우 (d)에 따른 수문곡선

시간(min)	강우6에 의한 유량(m³/s)	총유량(m³/s)
0	0	0
5	$\Delta A_1 R_6 \times 2$	0.014
10	$(\Delta A_1 + \Delta A_2) R_6 \times 2$	0.056
15	$(\Delta A_1 + \Delta A_2 + A_3) R_6 \times 2$	0.111
20	$(\Delta A_1 + \Delta A_2 + \Delta A_3 + \Delta A_4) R_6 \times 2$	0.153
25	$(\Delta A_2 + \Delta A_3 + \Delta A_4 + \Delta A_5) R_6 \times 2$	0.153
30	$(\Delta A_3 + \Delta A_4 + \Delta A_5) R_6 \times 2$	0.111
35	$(\Delta A_4 + \Delta A_5) R_6 \times 2$	0.056
40	$(\Delta A_5) R_6 \times 2$	0.014
45	0	0

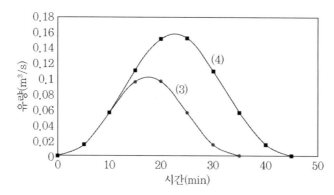

그림 예제 7.2.4 강우5에 의한 유출량(3)과 강우6에 의한 유출량(4) 비교

7.2.3 수문곡선 분리

수문곡선에 나타난 유량은 유역의 출구, 혹은 관측지점의 총유출량이며, 이를 해당강우에 의한 직접유출과 토양보유수 공급에 의한 기저유출로 구분하는 것을 수문곡선 분리라 한다. 수문곡선 분리를 통해 구한 직접유출량은 유출량의 예측에 사용될 단위유량도 유도에 적용되며 후에 기술된다.

수문곡선의 분리 방법에는 주 지하수 감수곡선법(master groundwater depletion curve method), N-day 방법, 수평직선 분리법 등이 있다. 홍수 시에 총유출에서 기저유출이 차지하는 부분이 상대적으로 작기 때문에 직접유출량산정에서 수문곡선 분리방법의 차이에 따른 오차는 미미한 것으로 알려져 있다.

(1) 주 지하수 감수곡선법

이 방법은 과거 수년간의 연속적인 유량기록이 확보되었을 때 수문곡선의 감수부를 중첩시켜 그 유역의 대표 감수곡선을 결정하는 방법이다.

그림 7.7에 나타낸 것처럼 연속적인 유량기록에서 감수부 자료들을 선택하여 반대수지에 유량이 큰 것부터 차례로 나열한다(a). 감수곡선의 최솟값에 개략적인 접선을 그리고(b) 그 접선을 산술축에 다시 작성하면(c) 수문곡선을 대표하는 주 지하수 감수곡선이 된다. 실제 수문곡선에 감수곡선을 중첩시켜 분리되는 점과 상승부 시작점을 연결하여 기저유출을 분리한다(d).

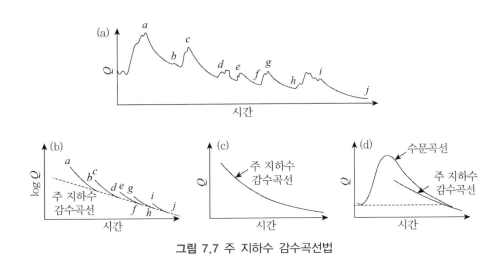

그림 7.7 주 지하수 감수곡선법

(2) N-day 방법

이 방법은 첨두유량이 발생된 시간부터 직접유출이 끝나는 지점을 결정하여 수문곡선을 분리하는 경험적인 도해방법이다. 즉, 수문곡선의 상승부와 직접유출이 끝나는 지점을 연결하는 4가지 방법을 그림 7.8에 제시하였다. 이 방법들은 그림에서처럼 N

(day)값을 다음 식으로 산정하여 직접유출 종료시점을 정해놓고 분리한다.

$$N = 0.8267A^{0.2} \tag{7.4}$$

여기서 A는 유역면적(km^2)이고 N은 첨두유량 시점부터 직접유출 종료 시점까지의 경과시간(day)이다.

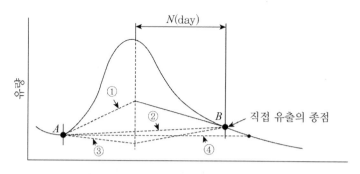

그림 7.8 N-day 방법에 의한 수문곡선 분리

① 가변경사법 : 수문곡선을 반대수지상에 그리고, B점 이후 수문곡선의 직선부를 첨두시점의 수직선과 만나는 점까지 연장하고 이 점을 수문곡선 상승시점과 연결하여 2직선 아래 유량을 기저유출로 분리한다.

② N-day법 : 수문곡선 상승시점과 N-day점을 직선으로 연결하여 분리한다.

③ 수정 N-day법 : A점 이전의 수문곡선을 반대수지상에 그리면 직선으로 나타나는데 이 부분을 연장하여 첨두유량시점 수직선과의 교점까지 직선으로 그리고 이 교점부터 B점까지를 직선으로 연결하여 구분하는 방법이다.

④ 수평직선분리법 : 수문곡선 상승시점을 지나는 수평선을 감수곡선과 만나는 점까지 연결하여 직접유출과 기저유출을 분리한다. 이 방법은 간단하여 실무에서 많이 사용하지만 호우 시 유효우량에 비해 기저유량이 매우 작다.

4가지 방법의 결과는 다소 차이가 있으나 홍수 시에 기저유량은 상대적으로 작기 때문에 한 방법을 계속하여 사용해도 오차는 크지 않은 것으로 알려져 있다.

7.3 단위유량도

수문곡선에 영향을 주는 요인을 크게 지형인자와 기상인자로 구분하여 기술하였다. 만일 어떤 유역에 동일한 강우가 2번 발생하였다면(또는 지형인자가 동일한 두 유역에 동일한 강우가 발생하였다면), 이 강우들에 의한 유출수문곡선은 동일하다는 단위유량도 개념이 Sherman에 의해 제안되었는데 이는 유역의 특성을 고려한 것이다. 유역에 지속기간이 t_r인 1cm의 유효강우량이 균일한 강도로 유역전체에 균등하게 발생하였을 때 이로 인한 직접유출수문곡선을 단위유량도(unit hydrograph)라 한다. 일반적으로 수문곡선아래의 면적은 유역으로부터 발생된 유출용적을 의미한다. 그러므로 단위유량도의 아래 면적은 유역에 유효강우량이 1cm 발생하였을 때 유출용적과 같다.

7.3.1 단위유량도의 기본가정

유효강우량(1cm)이 일정한 강도로 유역에 균등하게 발생되었을 때 출구에서 유출량은 직접유출량에 상응하는 수문곡선(직접유출수문곡선)이다. 단위유량도 이론은 3가지의 기본 가정에 근거를 두고 있다.

(1) 일정한 기저시간(base time)

유효강우의 지속기간이 같으면 강우강도에 관계없이 기저시간이 같다는 의미이다. 기저시간은 수문곡선에서 상승부가 시작되는 지점에서 직접유출이 끝나는 지점까지이다. 강우강도에 관계없이 지속시간이 동일하면 기저시간뿐만 아니라 첨두유량의 발생시간, 감수시간 등이 동일하다고 가정한 것이다. 실제로는 강우 발생 이전(선행강우)의 유역 상태에 따라 기저시간은 달라질 수 있다.

(2) 유역의 선형성(비례와 중첩 가정)

유효강우의 지속시간이 동일하고 강우강도가 2배, 3배이면 수문곡선의 종거도 2배, 3배로 된다. 즉, 유효강우량이 r_0일 때 유출량이 q_0라 하면 동일 지속기간 t_0인 강우가

$2r_0$, $3r_0$이면 유출량도 $2q_0$, $3q_0$가 되며, 기저시간 t_b는 동일하다. 이는 입력과 출력의 관계가 선형임을 의미한다(그림 7.9(a)).

그리고 일정한 기간 동안에 균일한 강도를 가진 일련의 유효강우가 여러 개 발생되었을 때 총직접유출량은 각 기간의 유효우량에 의해 발생된 유출량을 중첩하여 계산한다. 예를 들어 그림 7.9(b)와 같이 유효강우량 r_1, r_2, r_3가 발생하였을 때 이에 대한 각 유출량이 q_1, q_2, q_3이며 이를 중첩하여 총유출량을 결정한다.

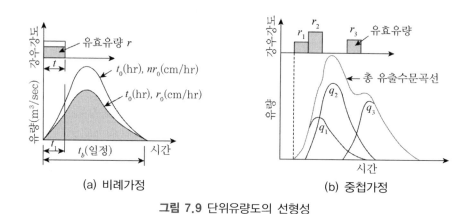

그림 7.9 단위유량도의 선형성

(3) 강우의 시간적·공간적 균일성

단위유량도의 지속기간 동안에 유효강우량의 강도는 시간적으로 균일하고 유역에 대해서도 공간적으로 균일하다는 가정이다. 단위유량도를 유도하기 위해 사용되는 자료를 선택할 때 시간적으로 균일한 가정을 만족시키기 위해 가능한 지속기간이 짧아야하며, 공간적으로 균일한 유효강우의 조건을 만족하는 유역면적은 $3\sim25,000\mathrm{km}^2$가 적절하다.

7.3.2 단위유량도의 유도

어떤 유역에 단위유량도를 유도하기 위해서는 강우량 자료와 이 강우로부터 발생된 유출량 자료가 동시에 필요하다. 단위유량도를 유도하기 위해 단위유량도의 기본개념과 가정사항에 적합하도록 다음 사항을 고려하여 자료를 선택한다.

(가) 강우는 가능한 시간과 공간적으로 균일하게 발생된 단일 강우사상을 선택한다.

(나) 유효강우량의 지속기간은 수문곡선에서 첨두시간의 10~30% 이내인 것을 선택한다.

(다) 유효강우량(직접유출량)은 1cm 또는 그보다 같거나 큰 것을 선택한다.

(라) 자료가 풍부한 경우에 가능한 지속기간이 비슷한 여러 개의 단위유량도를 구하여 평균하는 것이 바람직하다.

(마) 평균 단위유량도는 그림 7.10과 같이 아래면적이 1이 되도록 작성하고 비교적 미끈한 수문곡선의 형태가 되도록 조정한다.

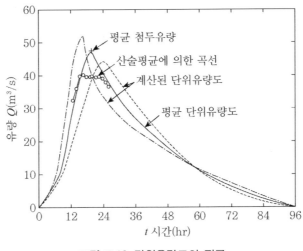

그림 7.10 단위유량도의 평균

(1) 단일호우 – 유출량 자료로부터 단위유량도 유도

(가) 대상유역의 출구(혹은 관측지점)에서 관측된 총유출량을 직접유출량과 기저유출량으로 분리한다.

(나) 직접유출수문곡선 아래면적을 유역면적으로 나누면 유효강우량의 깊이가 된다.

(다) 과정 (가)에서 구한 직접유출수문곡선의 세로좌표를 과정 (나)에서 구한 유효강

우량으로 나누면 단위유량도를 구할 수 있다.

(라) 과정 (나)에서 구한 유효강우량의 지속기간은 과정 (다)에서 구한 단위유량도의
지속기간과 같다.

[예제 7.3] 면적이 6,500km²인 유역에 지속시간 12시간 동안에 일정한 강도로 강우가
발생하였다. 이때 유역출구에서 총유출량과 기저유량이 다음 표 (1)~(3)열과 같이 주어졌
을 때 단위유량도를 결정하시오.

:: 풀이

총유량과 기저유량은 주어져 있으므로 총유량에서 기저유량을 빼면 직접유출량을 구
할 수 있다. 직접유출량에 의해 유효우량을 산정하면 다음과 같다.

$$\frac{33,690\text{m}^3/\text{s} \times 24 \times 60 \times 60\text{s}}{6,500\text{km}^2 \times 1,000^2} = 0.449\text{m} = 44.9\text{cm}$$

단위도는 (5)열이고 이를 검산하면,

$$\frac{750.34 \times 24 \times 60 \times 60}{6,500 \times 1,000 \times 1,000} \times 100 = 0.997\text{m} \simeq 1.0\text{cm}$$

(1) 시간(days)	(2) 총유량(m³/s)	(3) 기저유량(m³/s)	(4) 직접유출량(m³/s)	(5) 단위도(m³/s)
1	1,600	1,600	0	0
2	1,680	1,680	0	0
3	5,000	1,650	3,350	74.61
4	11,300	1,600	9,700	216.04
5	8,600	1,580	7,020	156.35
6	6,500	1,530	4,970	110.69
7	5,000	1,500	3,500	77.95
8	3,800	1,480	2,320	51.67
9	2,800	1,450	1,350	30.07
10	2,200	1,410	790	17.59
11	1,850	1,400	450	10.02
12	1,600	1,360	240	5.35
13	1,330	1,330	0	0
계			33,690	750.34

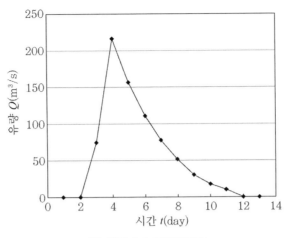

그림 예제 7.3 단위유량도

(2) 복합강우－유출량 자료로부터 단위유량도 유도

하나의 첨두유량을 발생시키는 이상적인 수문곡선에 대한 단순 호우자료를 얻기는 쉽지 않다. 대부분 복합강우에 의해 발생된 유출수문곡선을 강우주상도로부터 일정한 시간간격의 강우요소에 대한 수문곡선으로 분리할 수 있다면 분리된 수문곡선을 단순 호우에 의한 수문곡선으로 다루어 단위유량도를 구할 수 있다. 그러나 복합강우에 의한 수문곡선을 분리할 수 없기 때문에 단위유량도 가정의 중첩, 또는 비례의 법칙을 적용하여 단위유량도를 구해야 한다. 그림 7.11은 복합강우에 의한 유출수문곡선을 나타낸 것이다. 3개의 서로 다른 강우강도에 의해 발생된 유출수문곡선을 각각 강우에 대한 수문곡선으로 분리가 가능하다고 가정하여 3개의 수문곡선을 그림에 나타냈다. 유효강우 R_1, R_2, $R_3(R_j, j = 1, 2, 3)$에 대한 수문곡선에 중첩의 원리를 적용하여 표시할 수 있다. 이때 단위유량도의 세로 좌표를 u_1, u_2, u_3, $\cdots$, u_n이라고 하면, 수문곡선 세로 좌표 Q_1, Q_2, Q_3, $\cdots$, Q_n은 다음과 같다.

$$Q_1 = u_1 R_1$$
$$Q_2 = u_1 R_2 + u_2 R_1$$
$$Q_2 = u_1 R_3 + u_2 R_2 + u_3 R_1 \tag{7.5}$$

....

$$Q_n = u_1 R_n + u_2 R_{n-1} + \cdots + u_n R_1$$

이 식을 일반적으로 나타내면 다음과 같다.

$$Q_k \sum_{j=1}^{k} u_{k-j+1} R_j \qquad\qquad (7.6)$$

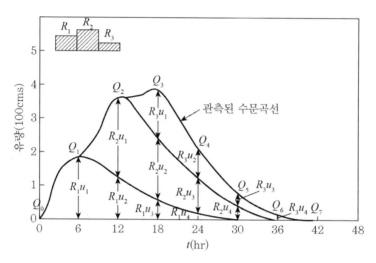

그림 7.11 복합강우로부터 단위유량도 유도

그림 7.11과 같이 단위도의 각 성분을 $u_i(i = 1, 2, 3, 4)$라 하면 유출량 Q_k(유 $k = 1, 2, \cdots, 6$)는 다음과 같이 나타낼 수 있다. 여기서 $i \geq 5$에 대해서 $u_i = 0$이다.

$$Q_1 = u_1 R_1$$

$$Q_2 = u_1 R_2 + u_2 R_1$$

$$Q_3 = u_1 R_3 + u_2 R_2 + u_3 R_1 \qquad\qquad (7.7)$$

$$Q_4 = u_2 R_3 + u_3 R_2 + u_4 R_1$$

$$Q_5 = u_3 R_3 + u_4 R_2$$

$$Q_6 = u_4 R_3$$

로 나타낼 수 있다. 이 식에 의해 단위유량도의 세로 좌표를 구하는 방법은 여러 가지가 있다. 각 방법에 의해 구한 세로좌표의 합(m^3)을 유역면적 A(km^2)으로 나누어 1(cm)이 되는지 검토한다.

:: 해법 1 : 연립방정식 해법

미지수가 4개이므로 미지수를 포함한 식 4개를 선택하여 연립하여 해를 구하면 된다. 가능하면 4개의 식을 여러 경우에 대해 해를 구한 후 여러 개 단위유량도의 세로좌표를 평균하여 제시한다. 세로좌표 중에 하나라도 (−)가 존재하는 경우에 그 해는 제외시킨다.

:: 해법 2 : 역회선법

식 (7.7)에서 Q와 R을 알기 때문에 첫 번째 식부터 차례로 u_1, u_2, u_3, $\cdots$에 대해 다음과 같이 구할 수 있다.

$$u_1 = Q_1/R_1$$
$$u_2 = (Q_2 - u_1 R_2)/R_1 \tag{7.8}$$
$$\cdots\cdots\cdots\cdots$$

등의 순서로 단위유량도의 세로 좌표를 구할 수 있으며, 이는 다음과 같이 일반식으로 나타낼 수 있다.

$$u_n = \frac{Q_n - \displaystyle\sum_{j=n-1,1}^{m=2,M} u_j R_m}{R_1} \tag{7.9}$$

여기서 n은 1에서 n_u까지, n_u는 단위도의 세로좌표 수이며 다음 식으로 계산된다.

$$n_u = N - M + 1 \tag{7.10}$$

여기서 N은 수문곡선의 세로좌표 수, M은 유효강우량의 주상도 수이다.

:: 해법 3 : 매트릭스법

식 (7.7)을 매트릭스 형태로 나타내면 다음과 같다.

$$
\begin{bmatrix}
R_1 & 0 & 0 & 0 \\
R_2 & R_1 & 0 & 0 \\
R_3 & R_2 & R_1 & 0 \\
0 & R_3 & R_2 & R_1 \\
0 & 0 & R_3 & R_2 \\
0 & 0 & 0 & R_3
\end{bmatrix}
\begin{bmatrix}
u_1 \\ u_2 \\ u_3 \\ u_4 \\ 0 \\ 0
\end{bmatrix}
=
\begin{bmatrix}
Q_1 \\ Q_2 \\ Q_3 \\ Q_4 \\ Q_5 \\ Q_6
\end{bmatrix}
\tag{7.11}
$$

간단하게 다시 쓰면,

$$[R][u] = [Q] \tag{7.12}$$

이다. 여기서 $[R]$의 차원이 $(i \times j)$이라면 다음과 같이 3가지 방법에 의해 해를 구할 수 있다. (MsExcel : Transpose 전치, mmult 행렬곱, Minverse 역행렬 이용)

(1) $[R]$의 차원이 $i = j$인 경우(정방행렬),

$$[u] = [R]^{-1}[Q] \tag{7.13}$$

(2) $[R]$의 차원이 $i > j$인 경우(이 경우는 미지수보다 방정식의 수가 많은 경우임)에 식 (7.13)과 같은 방법으로 해를 구할 수 없으므로 양변에 $[R]^T$을 곱하여 정방행렬을 만들어 식 (7.13)과 같은 방법으로 해를 구한다.

$$[R]^T[R][u] = [R]^T[Q] \tag{7.14}$$

$$[u] = [[R]^T[R]]^{-1}[R]^T[Q] \tag{7.15}$$

(3) $i < j$일 때는 방정식의 수가 미지수보다 적은 경우이다. 이와 같은 경우에는 특별한 방법으로 해를 구해야 하며, 이 책의 범주를 넘기 때문에 여기서는 세부사항을 생략한다.

7.4 단위유량도의 지속시간 변경

단위유량도의 지속기간은 해당 유효강우량의 지속기간과 동일하다. 어느 유역에서 지속기간이 1시간인 단위유량도가 있는데, 동일 유역에서 지속시간이 2시간인 단위유량도가 필요한 경우가 있다. 이와 같은 문제는 중첩의 원리를 적용하여 해결할 수 있다. 1시간 단위유량도를 1시간 지체시킨 후에 2개의 단위도의 세로좌표를 합성하고 이의 면적을 1로 하기 위해 세로좌표에 1/2을 곱하면 지속시간이 2시간인 단위유량도를 구할 수 있다(그림 7.12). 이 방법을 정수배 방법이라고도 한다. 그리고 지속시간이 t_r인 단위유량도를 t_r시간만큼 계속 지체시켜 합하면 그림 7.13과 같은 S곡선을 얻을 수 있다. 이 곡선의 세로좌표는 다음과 같다.

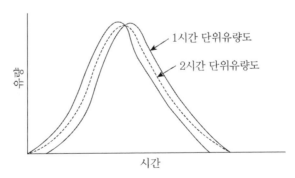

그림 7.12 단위유량도의 지속시간 변경

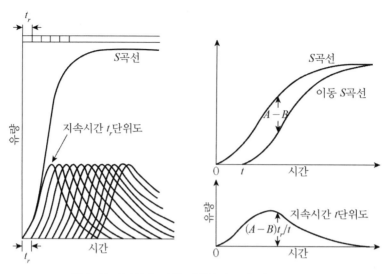

그림 7.13 S곡선에 의한 단위유량도의 지속시간 변경

$$S_1 = u_1$$

$$S_2 = u_1 + u_2$$

$$S_3 = u_1 + u_2 + u_3$$

$$\cdots\cdots\cdots$$

$$S_n = u_1 + u_2 + u_3 + \cdot s + u_n$$

$$S_{n+1} = S_n$$

(7.16)

이 S곡선을 다시 원하는 지속시간 t만큼 지체시킨 후에 그림 7.13에서처럼 곡선 A에서 곡선 B의 차이를 구하고, 그 차이 값에 t_r/t를 곱하면 지속시간 t인 단위유량도를 구할 수 있다.

[예제 7.4] 지속시간이 2시간인 단위유량도가 다음과 같이 주어졌을 때 지속시간이 3시간인 단위유량도를 구하시오.

(1) 시간(hr)	(2) 2hr UH (m³/s)	(3) 지체된 2hr UH					(4) S곡선 (2)+Σ(3)
		2시간	4시간	6시간	8시간	10시간	
0	0						0
1	75						75
2	250	0					250
3	300	75					375
4	275	250	0				525
5	200	300	75				575
6	100	275	250	0			625
7	75	200	300	75			650
8	50	100	275	250	0		675
9	25	75	200	300	75		675
10	0	50	100	275	250	0	675
11		25	75	200	300	75	675

시간(hr)	S–UH (A)	3시간 지체 S–UH (B)	A–B(m³/s)	3시간 단위도 (A–B)(2/3)(m³/s)
0	0		0	0
1	75		75	50.0
2	250		250	166.7
3	375	0	375	250.0
4	525	75	450	300.0
5	575	250	325	216.7
6	625	375	250	166.7
7	650	525	125	83.3
8	675	575	100	66.7
9	675	625	50	33.3
10	675	650	25	16.7
11	675	675	0	0

7.5 순간단위유량도

단위유량도의 지속시간은 이에 해당하는 유효강우의 지속시간과 동일하다. 만일 지속시간이 0이고 유효강우량이 1cm인 가상의 강우에 대한 단위유량도를 순간단위유량도(instantaneous unit hydrograph, IUH)라 한다. 실제로 이런 강우는 없지만 수문곡선 해석에 사용하기 위한 가상의 개념으로서 편리하게 이용된다. 단위유량도의 변수를 결정하는 기저시간 t_b(＝지속시간 t_r＋도달시간 t_c)에서 강우의 지속기간을 0으로 간주하기 때문에 도달시간이 기저시간이 된다. 이 절에서는 순간단위유량도를 유도하고 IUH를 이용하여 필요한 지속시간에 대한 단위유량도를 결정하는 방법에 대해 학습한다.

IUH의 유도는 S-곡선에 의한 지속시간 변경 방법에 따라 수행할 수 있으며, 지속시간 t_r인 단위유량도로부터 구한 S-곡선을 그림 7.14와 같이 dt만큼 지체시키면,

$$UH(dt, t_r) = \frac{t_r}{dt}(S_2 - S_1) \tag{7.17}$$

이고, dt를 0에 접근시키면 $(S_2 - S_1)$도 0에 접근하며 다음과 같이 나타낼 수 있다.

$$UH(0, t_r) = t_r \frac{dS}{dt} \tag{7.18}$$

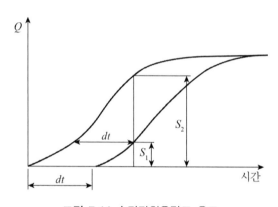

그림 7.14 순간단위유량도 유도

식 (7.18)은 지속시간 t_r인 단위유량도로부터 구한 순간단위유량도이다. 이처럼 특정 유역의 순간단위유량도를 알면 임의 지속시간에 대한 단위유량도를 구할 수 있다. 예를 들어 지속시간 t_r인 단위유량도는 IUH를 t_r 시간만큼 지체시킨 후에 매시간의 세로좌표를 평균하여 구한다(그림 7.15 참조).

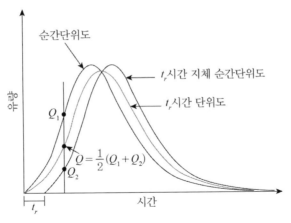

그림 7.15 IUH로부터 t_r 시간 단위유량도 유도

7.6 단위유량도 합성

단위유량도를 통해서 설계홍수량을 결정하는 방법은 적용상에 제한이 있으나 간편성과 정확성이 있어 많이 사용된다. 설계홍수 수문곡선을 구하려면 단위유량도가 필요하고, 전술한 단위유량도는 강우와 유량의 실측자료가 있어야 되지만, 실제 중소하천에서는 계측유역보다 미계측유역이 많기 때문에 이런 유역에서는 단위유량도를 직접 구할 수 없다. 실제 수문곡선은 지형인자와 기후인자의 영향을 받지만 기후특성이 유사한 지역에서는 단위유량도를 지형인자만의 함수로 그 관계를 설정하여 결정할 수도 있다.

즉, 일반 지형도로부터 쉽게 구할 수 있는 물리적인 특성인 지형인자(유역의 형태, 크기, 경사, 하천의 길이, 경사 등)와 단위유량도의 각 특성(첨두유량, 첨두 발생 시간, 기저시간 등) 간의 관계식을 이용하여 미계측지역에서 단위유량도를 결정할 수 있다. 이와 같이 미계측유역의 단위유량도를 결정하는 것을 합성단위유량도(synthetic unit hydrograph)유도 또는 단위유량도 합성이라고 한다.

단위유량도 합성은 기저시간 t_b와 첨두유량 Q_p의 크기와 발생 시간(t_p 또는 t_l)의 3개 관계식만으로도 가능하다. t_l은 지체시간(lag time)으로 유효강우량의 질량 중심에서부터 첨두유량 발생 시간까지의 시간이다. 지체시간 t_l, 또는 첨두유량 발생 시간 t_p

는 유역의 형태[유역이 환상형(fan type) 또는 장방형(rectangle type)]에 따라 다르기 때문에 유역 형태를 대표할 수 있는 인자인 유역 출구에서 유역의 무게 중심까지의 거리(L_c)를 고려할 수 있다. 첨두유량은 유역크기가 같아도 L_c가 작은 유역에서 빨리 발생한다는 것을 짐작할 수 있다.

또한 첨두유량 Q_p는 유역의 크기와 형태에 영향을 받는다. 유역이 크면 당연히 Q_p도 커지며 또한 유역의 형태에 따라서도 영향을 받는다. 이러한 수문곡선의 각 요소와 지형인자간의 상호 관계를 고려하여 지형인자와 단위도의 요소들 간에 관계식을 설정하면 미계측유역에 대한 단위유량도을 작성할 수 있다. 미계측유역에 대한 단위유량도 작성을 단위유량도 합성이라 하며, 본 절에서는 단위유량도 합성방법으로 Snyder 방법과 SCS의 무차원단위도 방법을 설명한다.

7.6.1 Snyder 방법

1938년 Snyder는 미국 Appalachian 산지의 수문관측자료를 이용하여 합성단위유량도 작성법을 제안하였다. 이 방법에서 결정해야 할 요소는 강우와 유출 사이의 지체시간 t_l, 유효강우의 지속시간 t_r, 첨두유량 Q_p, 첨두유량의 50%와 75%되는 유량에서 수문곡선의 폭 W_{50}, W_{75}(그림 7.16 참조)이다. Appalachian 산지에서 면적 10~10,000mi^2 (25~25,000km^2)되는 시험유역에 대하여 조사한 결과, 지체시간 t_l을 다음과 같은 경험식으로 제시하였다.

$$t_l = C_t (L L_c)^{0.3} \tag{7.19}$$

여기서 C_t는 유역경사나 저류상태를 나타내는 계수로서 1.4(저류 작은 급경사)~1.7 (저류 큰 완경사)이고, L은 주하천의 길이, 유로연장(km), L_c는 유역출구로부터 유역면적의 도심에서 가장 가까운 하도지점까지의 유로거리(km)이다.

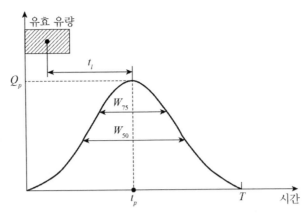

그림 7.16 단위유량도 합성에 필요한 요소

식 (7.20)으로 구한 유효강우의 지속시간 t_r(hr)과 단위도의 지속시간 t_R(hr)이 동일한 표준강우(standard rainfall)이면 식 (7.19)의 t_l을 채택하고, t_r과 t_R이 다른 경우에는 식 (7.21)을 이용하여 t_l을 t_{lR}로 조정하여야 한다.

$$t_r = t_l/5.5 \tag{7.20}$$

$$t_{lR} = t_l + 0.25(t_R - t_r) \tag{7.21}$$

이때 첨두유량 Q_p(m³/s)는 식 (7.22)로 구하되 t_l은 식 (7.21)로 조정하여 적용한다.

$$Q_p = \frac{2.78 C_p A}{t_l} \quad \text{또는} \quad Q_{PR} = \frac{2.78 C_p A}{t_{lR}} \tag{7.22}$$

여기서 A는 유역면적(km²), C_p는 유역면적 단위와 흐름조건에 따라 결정[A(km²)일 때 완속 1.5~급속 1.9, A(mi²)일 때 완속 0.4~급속 0.8]되는 계수이다.

표준강우의 경우에 강우시작부터 첨두유량까지의 시간 t_p는 다음과 같다.

$$t_p = 12 t_l/11 \tag{7.23}$$

지표유출과 복류수유출이 포함된 수문곡선의 기저시간 t_b(hr)는 식 (7.24)로 구한다.

$$\text{대규모 유역}: t_b = 72 + 3t_l \tag{7.24a}$$

$$\text{중소규모 유역}: t_b = 5.56A/Q_p \tag{7.24b}$$

여기서 A는 유역면적(km^2), Q_p는 첨두유량(m^3/s)이다.

관측결과에 의하면 기저시간과 첨두시간은 $t_b/t_p \cong 5$과 같은 관계가 있고, 경험에 의하여 수문곡선의 시간폭 W_{50}, W_{75}(hr)는 식 (7.25), (7.26)으로 결정한다.

$$W_{50} = \frac{2.14}{(Q_p/A)^{1.08}} \tag{7.25}$$

$$W_{75} = \frac{1.22}{(Q_p/A)^{1.08}}, \ W_{50}, \ W_{75}(\text{hr}), \ Q_p(m^3/s), \ A(km^2) \tag{7.26}$$

7.6.2 SCS 방법

1950년대 Mockus에 의해 제시된 유출곡선번호를 이용한 SCS 합성단위유량도 방법이 제안되었다. 현장 관측에 의해 제안된 지체시간 t_l(hr)은 다음과 같다.

$$t_l = \frac{L^{0.8}[2540 - 22.86(CN)]^{0.7}}{14104(CN)^{0.7}\overline{S}^{0.5}} \tag{7.27}$$

여기서 L은 하천 본류의 길이(m), CN은 유출곡선 번호, $\overline{S}$는 유역 평균경사이다. 그림 7.17에 제시한 SCS 무차원 단위유량도는 관측결과를 분석하여 작성된 것이다.

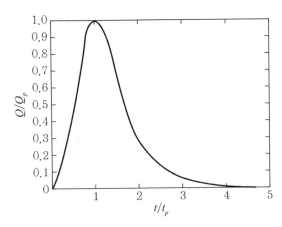

그림 7.17 SCS의 무차원 단위유량도

표 7.1 SCS 무차원 단위도

t/t_p	Q/Q_p	t/t_p	Q/Q_p	t/t_p	Q/Q_p
0.0	0.000	1.1	0.990	2.4	0.147
0.1	0.030	1.2	0.930	2.6	0.107
0.2	0.100	1.3	0.860	2.8	0.077
0.3	0.190	1.4	0.780	3.0	0.055
0.4	0.310	1.5	0.680	3.2	0.040
0.5	0.470	1.6	0.560	3.4	0.029
0.6	0.660	1.7	0.460	3.6	0.021
0.7	0.820	1.8	0.390	3.8	0.015
0.8	0.930	1.9	0.330	4.0	0.011
0.9	0.990	2.0	0.250	4.5	0.005
1.0	1.000	2.2	0.207	5.0	0.000

이때 다음과 같이 3가지 식을 가정하였다.

$$t_l/t_c = 6/10, \ t_p/t_r = 5, \ t_p = t_r/2 + t_l \tag{7.28}$$

여기서 t_c는 도달시간[1]이다. 이 식들로부터,

---

1   도달시간(concentration time)은 강우가 발생하여 지표면유출에 의해 유역의 가장 먼 곳에서 출구까지 도달하는 데 걸리는 시간을 의미하며 수문곡선의 형상을 결정하는 데 중요하다. Kirpich의 경험식에 의해 $t_c(hr) = 0.06628L^{0.77}/S^{0.385}$ 이며 여기서 L은 유역출구에서 유역의 최원점까지 거리(ft), S는 유역의 평균경사이다.

$$\frac{t_p}{t_l} = 10/9, \ \frac{t_r}{t_l} = 2/9, \ \frac{t_r}{t_c} = 2/15 \tag{7.29}$$

이 된다. 이 방법에 의해 첨두유량과 발생 시간을 구하면 그림 7.17이나 표 7.1의 무차원곡선을 이용하여 SCS 합성단위도를 구할 수 있다.

SCS 방법에서 유출수문곡선을 그림 7.18과 같이 삼각형이라 가정하였을 때 경험에 의하면 $t_b/t_p = 8/3$이고, 첨두유량 $Q_p(\mathrm{m^3/s})$는 식 (7.30)과 같다.

$$Q_p(\mathrm{m^3/s}) = 2.08A(\mathrm{km^2})/t_p(\mathrm{hr}) \tag{7.30}$$

그림 7.18로부터 t_p는 다음과 같다.

$$t_p = 0.5t_r + 0.6t_c \tag{7.31}$$

식 (7.30)과 (7.31)로부터 유출수문곡선의 형상이 결정되고, 그림 7.18과 같은 삼각형 단위도가 구해지며, 이 방법을 SCS 삼각형 단위도법이라 한다.

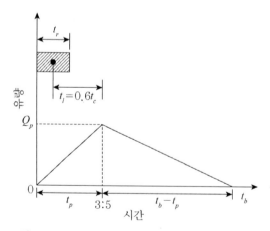

그림 7.18 SCS 방법에 의한 삼각형합성단위유량도

[예제 7.5] 유역면적 $A = 15.5\text{km}^2$, 도달시간 $t_c = 2.8$시간일 때 SCS 삼각형 단위도법과 무차원 단위도법에 의해 지속시간 2hr인 단위유량도를 합성하시오.

:: 풀이

(1) 삼각형 단위도법

지체시간 $t_l = 0.6t_c = 0.6 \times 2.8 = 1.68\text{hr}$

첨두시간 $t_p = 0.5t_r + 0.6t_c = 0.5 \times 2 + 0.6 \times 2.8 = 2.68\text{hr}$

기저시간 $t_b = \dfrac{8}{3}t_p = \dfrac{8}{3}2.68 = 7.15\text{hr}$

첨두유량 $Q_p = 2.08A/t_p = 12.03\text{m}^3/\text{s}$

(2) 무차원 단위도법

(단위 : hr, m^3/s)

무차원 단위도		합성단위도		무차원단위도		합성단위도	
시간비 (1)	유량비 (2)	시간 (3) (1)×2.68	단위도 (4) (2)×12.03	시간비 (1)	유량비 (2)	시간 (3) (1)×2.68	단위도 (4) (2)×12.03
0.0	0.000	0.00	0.000	1.7	0.460	4.56	5.534
0.1	0.030	0.27	0.361	1.8	0.390	4.82	4.692
0.2	0.100	0.54	1.203	1.9	0.330	5.09	3.970
0.3	0.190	0.80	2.286	2.0	0.250	5.36	3.008
0.4	0.310	1.07	3.729	2.2	0.207	5.90	2.490
0.5	0.470	1.34	5.654	2.4	0.147	6.43	1.768
0.6	0.660	1.61	7.940	2.6	0.107	6.97	1.287
0.7	0.820	1.88	9.865	2.8	0.077	7.50	0.926
0.8	0.930	2.14	11.188	3.0	0.055	8.04	0.662
0.9	0.990	2.41	11.910	3.2	0.040	8.58	0.481
1.0	1.000	2.68	12.030	3.4	0.029	9.11	0.349
1.1	0.990	2.95	11.910	3.6	0.021	9.65	0.253
1.2	0.930	3.22	11.188	3.8	0.015	10.18	0.180
1.3	0.860	3.48	10.346	4.0	0.011	10.72	0.132
1.4	0.780	3.75	9.383	4.5	0.005	12.06	0.060
1.5	0.680	4.02	8.180	5.0	0.000	13.40	0.000
1.6	0.560	4.29	6.737				

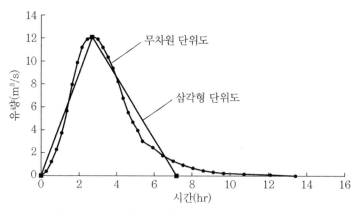

그림 예제 7.5 SCS 삼각형 단위도와 무차원 단위도

7.7 첨두홍수량 산정

소유역의 유출해석에 필요한 간단한 합리식을 본 절에서 소개한다. 소유역은 약
2.5km^2보다 작거나 도달시간이 1시간 이내인 경우에 해당된다. 강우 지속시간은 도달
시간보다 길어야 되며 유출은 주로 지표면유출이며 유역 내의 저류가 없는 것으로 가정
한다. 합리식은 첨두홍수량을 구하는 식으로 1889년 미국의 Kuichling에 의해 제안되
었다. 이 식의 의미를 설명하면 상류유역 면적이 1km^2인 지점에서 1시간 동안에 1mm
의 유효강우가 발생하였을 때 1시간 동안에 전부 유출된다면 그 유출량은

$$q_c = 1/3.6\,(\text{m}^3/\text{sec}) = \frac{10^{-3}\text{m} \times 10^6\text{m}^2}{3{,}600\text{sec}} \tag{7.32}$$

이다. 유역면적이 $A(\text{km}^2)$이고 강우강도가 $I(\text{mm/hr})$일 때 첨두유량은

$$Q_p = \frac{1}{3.6}IA \tag{7.33}$$

이다. 그러나 실제 강우가 발생하면 일부는 증발산, 혹은 저류, 차단 등에 의해 손실

등이 발생되므로 이를 고려하여 유출계수 C(0과 1 사이 값)를 적용시켜 다음과 같이 나타낼 수 있다.

$$Q_p = \frac{1}{3.6} CIA \tag{7.34}$$

여기서 유출계수(runoff coefficient) C를 표 7.2와 7.3에 수록하였으며, 식생이 없는 도시화 지역에서는 C값이 커지고 1에 가까워진다. 한 유역에서 강우강도는 균일하고 유출계수가 혼합되어 이루어진 지역의 첨두유량은 다음과 같이 산정한다.

$$Q_p = \frac{I}{3.6} \sum_{j=1}^{m} C_j A_j \tag{7.35}$$

표 7.2 자연하천유역의 유출계수

유역 상태	유출계수 C
급경사 산지	0.75~0.90
기복이 있는 토지와 수림	0.50~0.75
평탄한 밭	0.45~0.60
관개 중인 논	0.70~0.80
산지하천	0.75~0.85
평지하천	0.45~0.75
유역의 반 이상이 평지인 대하천	0.50~0.75

표 7.3 도시 및 농경지의 유출계수

토지이용		C	토지이용			C
상업 지역	도심지역	0.70~0.95	차도 및 보도			0.75~0.85
	근린지역	0.50~0.70	지붕			0.75~0.95
주거 지역	단독주택	0.30~0.50	잔디	사질토	평탄지(2%)	0.05~0.10
	독립주택단지	0.40~0.60			보통 경사지(2~7%)	0.10~0.15
	연립주택단지	0.60~0.75			급경사지(7% 이상)	0.15~0.20
	교외지역	0.25~0.40		중토	평탄지(2%)	0.13~0.17
	아파트	0.50~0.70			보통경사지(2~7%)	0.18~0.22
					급경사지(7% 이상)	0.25~0.35

표 7.3 도시 및 농경지의 유출계수(계속)

토지이용		C	토지이용				C
공업 지역	산재지역	0.50~0.80	나 지		평탄한 곳		0.30~0.60
	밀집지역	0.60~0.90			거친 곳		0.20~0.50
공원, 묘역		0.10~0.25	농 경 지	경 작 지	사질토	작물 있음	0.30~0.60
운동장		0.20~0.35				작물 없음	0.20~0.50
철도지역		0.20~0.40			중토	작물 있음	0.20~0.40
미개발지역		0.10~0.30				작물 없음	0.10~0.25
도로	아스팔트	0.70~0.95	초 지		사질토		0.15~0.45
	콘크리트	0.80~0.95			중토		0.05~0.25
	벽돌	0.70~0.85			산림지역		0.05~0.25

[예제 7.6] 식 (7.32)를 증명하시오.

:: 풀이

$$1km^2 \times 1mm/hr = 1,000^2 m^2 \times 10^{-3} m/3,600s$$

$$= 1,000 m^3/3,600s = 1/3.6 m^3/s$$

7.1 유로연장 6,000m, 유역중심거리 4,000m, 면적 3,000ha, 평균 CN 80인 유역에 4시간 동안 총강우량이 20cm이었다. 유효우량은?

* 풀이

최대잠재보유수량 $S = \dfrac{25,400}{CN} - 254 = \dfrac{25,400}{80} - 254 = 63.5\text{mm}$

유효우량 $Pe = \dfrac{(P-0.2S)^2}{P+0.8S} = \dfrac{(200-0.2\times63.5)^2}{200+0.8\times63.5} = 139.88\text{mm}$

7.2 기저유출 분리방법을 그림과 함께 설명하시오.

　　　a) 감수곡선법, 　　　b) 직선법, 　　　c) N-day법, 　　　d) 가변경사법

* 풀이

a) 감수곡선법 : 수문곡선 감수부 수집 → 반대수지에 감수곡선 도시 → 주지하수 감수곡선 작성 → 수문곡선과 중첩·분리

b) 직선법(경사급변점법) : 감수부를 반대수지에 도시 변곡점 C'에 해당하는 유량 C에서 상승기점 A를 직선으로 연결하여 아랫부분 유량 = 기저 유출량

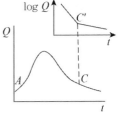

c) N-day법(고정기저시간법) : 상승기점 A 이전의 수문곡선을 첨두시점까지 연장하여 C점을 결정한 후 $N = 0.8A^{0.2}$(day)에 해당하는 N점과 연결. $\overline{ACN}$ 아래 유량 = 기저 유출량

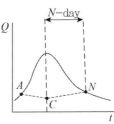

d) 가변경사법 : 상승기점 A 이전의 수문곡선을 첨두까지 연장 C점 결정. 직접 유출 이후 감수곡선을 변곡점까지 연장 D 결정 $\overline{ACD}$ + 감수곡선 = 기저유출량

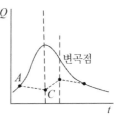

7.3 수문곡선과 관련된 다음용어를 설명하시오(그림 제시).

a) 지체시간   b) 첨두시간   c) 도달시간   d) 기저시간

그림 7.3 유출수문곡선 참조

7.4 주지하수 감수곡선 유도를 통한 기저유출 분리방법을 그림과 함께 설명하시오.

그림 7.7 주지하수 감수곡선법 참조

7.5 유역면적이 33.25km²인 유출지점에서 3일부터 비가 내리기 시작하여 아래와 같은 유량이 관측되었다. 'a) 수평직선법, b) N-day법, c) 수정 N-day법, d) 가변경사법'으로 기저유량을 분리하시오.

시간(day)	1	2	3	4	5	6	7	8	9	10
유량(m³/s)	230	200	3130	2120	900	430	280	230	180	130

* 풀이

시간(day)	1	2	3	4	5	6	7	8	9	10
유량(m³/s)	230	200	3130	2120	900	430	280	230	180	130
기저유량 a)	230	200	200	200	200	200	200	200	180	130
기저유량 b)	230	200	216	232	248	264	280	230	180	130
기저유량 c)	230	200	170	198	225	253	280	230	180	130

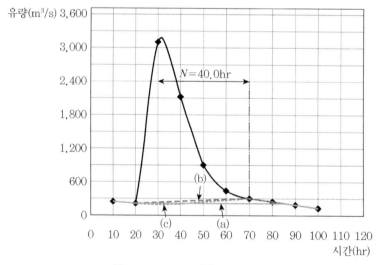

$$N = 0.827A^{0.2} = 0.827 \times 33.25^{0.2} = 1.6667\,day = 40.0\,hr$$

7.6 유효강우량에 대한 유출량을 그린 다음 그림에서 $R_1 = 1$, $R_2 = 12$, $R_3 = 1$이고, $Q_1 =$ 10, $Q_2 = 50$, $Q_3 = 90$, $Q_4 = 82$, $Q_5 = 40$, $Q_6 = 10$일 때 복합강우자료로부터 단위도유도 해법 1, 2, 3을 각각 적용하여 단위유량도의 세로좌표를 구하시오.

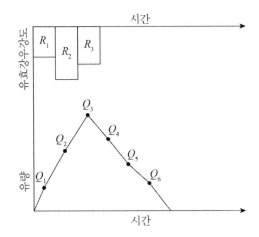

7.7 단위도의 기본개념이 되는 가정 6개를 설명하시오.

* 풀이

a) 일정 기저시간 : 수문곡선이 기저시간은 유효강우의 지속기간의 영향은 받지만 강우강도와는 무관하게 일정하다.

b) 비례 원리 : 강우 지속기간이 일정할 때 유효강우의 크기에 비례해서 직접유출 수문곡선의 종거가 변한다.

c) 중첩원리 : 연속된 2개의 단위 유효강우량에 대한 수문곡선은 각각의 단위유효우량에 대한 수문곡선들을 단위시간만을 서로 지체시킨 종거들의 합과 같다.

d) 수문곡선의 형태는 유역특성(모양, 크기, 경사, 토양 등)과 강우특성(강우량상, 강도, 지속기간)을 반영한다.

e) 유효강우량은 지속기간동안 균일한 시간분포를 갖는다.

f) 유효강우량은 유역전체에 균일한 공간분포를 갖는다.

7.8 지속시간이 4시간인 단위유량도 자료가 다음과 같이 주어졌을 때 정수배 방법을 이용하여 지속시간이 8시간인 단위도를 유도하시오.

시간(hr)	4-hr 단위도(m^3/hr)
0	0.0
2	12.5
4	23.5
6	14.8
8	10.0
10	6.5
12	4.0
14	2.3
16	1.1
18	0.5
20	0.0

7.9 [예제 7.4]의 자료를 이용하여 지속시간이 4시간인 단위도를 그림 7.10의 방법과 S곡선에 의해 구하시오.

7.10 유로연장 6,000m, 유역중심거리 4,000m, 면적 3,000ha, 평균 CN 90인 유역에 4시간 동안 총강우량이 20cm이었다. a) 유효우량을 구하고, b) Snyder 방법으로 2시간 단위도를 유도하여, c) 유효우량이 4시간 동안 일정한 강도로 내렸을 때 유출수문곡선을 구하시오. 단, $C_t = 1.5$, $C_p = 0.7$이다.

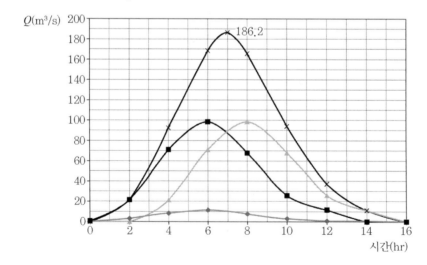

* 풀이

a) $S = \dfrac{25,400}{CN} - 254 = \dfrac{25,400}{90} - 254 = 28.22\text{mm}$ 최대잠재보유수량

유효우량 $P_e = \dfrac{(P - 0.2S)^2}{P + 0.8S} = \dfrac{(200 - 0.2 \times 28.22)^2}{200 + 0.8 \times 28.22} = 169.71 \fallingdotseq 170\text{mm}$

강우강도 $I_{4hr} = P_e/4\text{hr} = 42.5\text{mm/hr}$, $I = P_e/t_R = 85\text{mm/2hr}$

b) $t_l = C_t(L \cdot L_c)^{0.3} = 1.5 \times (6 \times 4)^{0.3} = 3.9\text{hr}$ 지체시간

강우지속시간 $t_R = t_l/5.5 = 3.9/5.5 = 0.71\text{hr}$

$t_R = 2\text{hr}$에 대한 $t_{lR} = t_l + 0.25(t_R - t_l) = 3.9 + 0.25(2 - 0.71) \fallingdotseq 4.2\text{hr}$

$Q_P = C_P \dfrac{A}{t_{lR}} = 1.7 \times 30/4.2 = 12.1\text{m}^3/\text{s}$

$t_b = \dfrac{5.56A}{Q_P} = \dfrac{5.56 \times 30}{12.1} = 13.8\text{hr}$ 기저시간

$\overline{W_{50}} = 2.14(Q_P/A)^{-1.08} = 2.14(12.1/30)^{-1.08} = 5.17\text{hr}$, $Q_{50} = 6.05\text{m}^3/\text{s}$

$\overline{W_{75}} = 1.22(Q_P/A)^{-1.08} = 1.22(12.1/30)^{-1.08} = 3.25\text{hr}$, $Q_{75} = 9.08\text{m}^3/\text{s}$

c)

시간(hr)	b) 2hr 단위도 (m^3/s)	(m^3/s) $8.5 \times Q_I$	$(2 \sim 4\text{hr})$ $8.5 \times Q_I$	c) Q유출(m^3/s)
0	0.0	0.0	-	0.0
2	2.5	21.3	0.0	21.3
4	8.3	70.6	21.3	91.8
6	11.5	97.8	70.6	168.3
8	8.0	68.0	97.8	165.8
10	3.0	25.5	68.0	93.5
12	1.3	11.1	25.5	36.6
14	0.0	0.0	11.1	11.1
16		-	0.0	0.0

7.11 합성단위도 유도의 세 가지 유형을 열거하고 설명하시오.

* 풀이

a) 수문곡선 특성과 유역특성 관계 : Synder법, t_r, t_l, Q_P, t_b, W_{50}, W_{75} 이용수문곡선 유도

b) 무차원 단위도 : SCS법, 순간단위도법

  • $t/t_P \sim q/q_P$의 무차원 단위도($t_b = 5t_P$, 감수부 변곡점 $= 1.7t_P$)

  • t_P, $t_r = 1.67t_P$, $t_b = t_P + t_r$, Q_P를 이용한 삼각형 단위도

c) 유역 저류 모형 : (clark(추적기법), 시간－면적방법(전이만 고려, 저류효과 무시)

  • 순간단위도 개념＋직렬 선형수로＋유효출구의 선형저수지

  • 유역 등시선도 → 시간－면적 주상도 → 선형저수지 $S = KQ$

    → 순간 단위도 IUH(도달시간 t_C, 저류상수 K, 시간－면적주상도 필요)

7.12 Snyder 합성단위도의 특성치 5개를 열거하고 설명하시오.

* 풀이

a) 유역지체(basin lag) t_L : 유효강우중심~수문곡선중심시간 ≒ 강우중심~첨두시간

$$t_L = C_t (L \cdot L_C)^{0.3}$$

b) 첨두유량 Q_P : $C_P \cdot A/t_L$, C_P : 유역 저류용량관련계수

$$t_{LR} = t_L + 0.25(t_R - t_r), \quad Q_{PR} = Q_P \cdot t_r/t_{LR} - t_R \neq t_r \text{에 적용}$$

c) 강우(유효)지속기간(t_r) : $t_r = t_L/5.5$

d) 기저시간 t_b $t_b = 72 + 3t_L$

e) 시간폭 : Q_P의 50% $\overline{W_{50}} = 2.14(Q_{PR}/A)^{-1.08}$, Q_P의 75% $\overline{W_{75}} = 1.22(Q_{PR}/A)^{-1.08}$

7.13 실측강우량과 유출량 자료로부터 단위도 유도과정을 쓰시오.

* 풀이

① 수문곡선을 직접유출과 기저유출로 분리

② 직접유출 수문 곡선을 적분 → 직접유출체적 산출

③ 유출고(um, mm) = 직접유출체적/유역면적 계산

④ 단위도 종거 = 직접유출 수문곡선/직접유출고 계산

⑤ Φ 지수법 등으로 단위도의 단위시간(= 유효강우 지속시간)을 결정

7.14 유역면적 3.0km^2, 유로연장 2.0km, 유역중심거리 1.2km, 도달시간 0.5hr인 유역의 2시간 단위도를 Snyder 방법으로 유도하시오. 단, C_t = 1.5, C_p = 1.7이다. 수문곡선 제시

* 풀이

$$t_l = C_t(L \cdot L_C)^{0.3} = 1.5(2 \times 1.2)^{0.3} = 1.95\text{hr}$$

$$Q_P = C_P \cdot A/t_l = 1.7 \times 3.0/1.95 = 2.62\text{m}^3/\text{s}$$

$$t_r = t_l/5.5 = 1.95/5.5 = 0.35\text{hr}, \quad t_R = 2\text{hr 이므로}$$

$$t_{lR} = t_l + 0.25(t_R - t_r) = 1.95 + 0.25(2 - 0.35) = 2.36\text{hr}$$

$$Q_{PR} = Q_P \frac{t_l}{t_{lR}} = 2.62 \times \frac{1.95}{2.36} = 2.16\text{m}^3/\text{s}$$

$$t_b = 72 + 3t_l = 72 + 3 \times 2.36 = 79.08\text{hr 과대함}$$

$$t_b = \frac{5.56A}{Q_{PR}} = \frac{5.56 \times 3}{2.16} = 7.72\text{hr로 재산정}$$

$$\overline{W_{50}} = 2.14(Q_{PR}/A)^{-1.08} = 2.14(2.16/3.0)^{-1.08} = 3.05\text{hr}, \quad 0.5Q_{PR} = 1.08\text{m}^3/\text{s}$$

$$\overline{W_{75}} = 1.22(Q_{PR}/A)^{-1.08} = 1.22(2.16/3.0)^{-1.08} = 1.74\text{hr}, \quad 0.75Q_{PR} = 1.62\text{m}^3/\text{s}$$

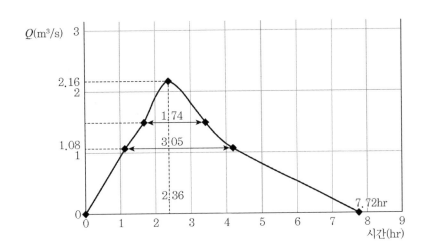

7.15 유역 면적 $A = 1,200\text{km}^2$, 하천 본류 길이 $L = 95\text{km}$, 유역출구로부터 유역 형상 도심에서 가장 가까운 지점의 하천까지의 거리(km) $L_c = 37\text{km}$인 유역이 있다. Snyder 방법에 의해 지속시간이 4hr인 단위유량도를 유도하시오. 이때 매개변수는 $C_t = 1.6$, $C_p = 0.5$로 가정하시오.

7.16 풍영정천의 유역면적이 68.93km^2이다. 도달시간이 101.24min 일 때 SCS 삼각형 단위도법과 무차원 단위도법에 의해 지속시간 2hr인 단위유량도를 합성하시오.

7.17 초과강우량의 직접유출이 다음과 같은 유역에서 1시간 단위유량도를 유도하시오. 유역 면적(km^2)은 얼마인가?

시간 (hr)	강우량 (mm)	유출량 (m^3/s)	3hr지체 단위도합 (m^3/s)	3hrS(①) 수문곡선	1hr지체(②) S곡선	③ (①-②)	1hr 단위도(m^3/s)
1	25.0	0.3	0.03	0.03		0.03	0.09
2	50.0	3.4	0.34	0.34	0.03	0.31	0.93
3	25.0	11.2	1.12	1.12	0.34	0.78	2.34
4		15.7	1.57+0.03	1.60	1.12	0.38	1.14
5		14.0	1.40+0.34	1.74	1.60	0.14	0.42
6		12.6	1.26+1.12	2.38	1.74	0.64	0.24
7		7.0	0.70+1.57+0.03	2.30	2.38	0.08	0
8		2.8	0.28+1.40+0.34	2.02	2.30	0	0
9		1.4	0.14+1.26+1.12	2.52	2.02	0	0
계	100.0	68.4	0.0+0.70+1.57+0.03	2.30	2.52	0	0
			0.0+0.28+1.40+0.34	2.02	2.30	0	0
			0.0+0.14+1.26+1.12 +0.70+1.57+0.28+ 1.40+0.14+1.26	2.52 . . .	2.02	0	0

$$A = \frac{\Sigma Q \times \Delta t}{\Sigma R} = \frac{68.4 \times 3,600 \text{m}^3}{0.1\text{m}} = 2.46\text{km}^2$$

7.18 문제 7.17에서 유도된 단위유량도를 적용하여 다음 강우량에 따른 최대유량을 구하시오. (유출계수 $C = 0.6$ 적용)

시간 (hr)	강우량 (mm)	단위도 (cms)	총유량 ×0.6	유출수문곡선 (cms)
1	20.0	0.09×2	0.18	0.11
2	40.0	0.93×2+0.09×4	2.22	1.33
3	00.0	2.34×2+0.93×4	8.40	5.04
4	10.0	1.14×2+2.34×4+0.09	11.73	7.04
5		0.42×2+1.14×4+0.93	6.33	3.80
6		0.24×2+0.42×4+2.34+0.24×4+1.14+0.42+0.24	4.50	2.70
7			2.10	1.26
8			0.42	0.25
9			0.24	0.14
		$Q_{\max} = 7.04\text{m}^3/\text{sec}$		

7.19 1시간 단위도가 다음과 같은 유역에서 저류상수를 구하시오.

시간(hr)	0	1	2	3	4	5	6	7	8	9	10	11	12	13	14
유량(m³/s)	0	8	24	52	65	98	80	52	31	19	11	7	5	4	3

* 풀이

$$K(\text{hr}) = -\frac{O}{dO/dt} : \text{수문곡선에서 변곡점의 평균유량/변곡점기울기}$$

$$\overline{O} = \frac{80 + 2 \times 52 + 31}{4} = 53.8 \text{m}^3/\text{s}$$

$$dO/dt \doteqdot \frac{31 - 80}{2} \frac{\text{m}^3/\text{s}}{\text{hr}} = -24.5 \frac{\text{m}^3/\text{s}}{\text{hr}}, \quad -K = \frac{53.8}{-24.5} \text{hr} = 2.2 \text{hr}$$

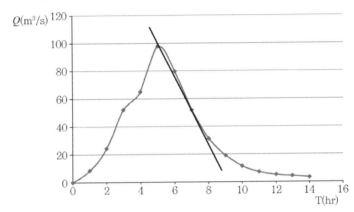

7.20 단위유량도 작성 시 필요 없는 사항은?

가. 직접유출량

나. 우효우량의 지속시간

다. 유역면적

라. 투수계수

정답_라

7.21 유출에 대한 설명 중 옳지 않은 것은?

가. 직접유출은 강수 후 비교적 단시간 내에 하천으로 흘러들어가는 부분이다.

나. 지표유하수(overland flow)가 하천에 도달한 후 다른 성분의 유출수와 합쳐진 유수
를 총 유출수라 한다.

다. 총 유출은 통상 직접유출과 기저유출로 분류된다.

라. 지하유출은 토양을 침투한 물이 지하수를 형성하는 것으로 총 유출량에는 포함되지
않는다.

정답_라

7.22 지속기간 2hr인 어느 지역 단위도의 기저시간이 10hr이다. 강우강도가 각각 2.0, 3.0, 5.0cm/hr이고 강우 지속기간은 모두 2hr인 3개의 유효강우가 연속해서 내릴 경우, 이로 인한 직접유출수문곡선의 기저시간은 얼마인가?

　가. 2hr　　　　　나. 10hr　　　　　다. 14hr　　　　　라. 16hr

정답_다

*풀이

지속시간 2h이고 강우강도가 2.0cm/hr에 대한 단위도의 기저시간이 10hr이고 지속시간 2h인 강우강도 3.0cm/hr, 지속시간 2h인 강우강도 5.0cm/hr 강우가 연속되므로 4시간이 지체된다. 그러므로 기저시간이 10hr가 2hr씩 2번 지체되므로 이를 합산하면 10+4 = 14hr이 된다.

7.23 S-curve와 가장 관계가 먼 것은?

　가. 단위도의 지속시간　　　　　나. 평형유출량
　다. 등우선도　　　　　라. 직접유출수문곡선

정답_다

7.24 단위유량도 이론의 기본가정에 충실한 호우사상을 선별하는 데 고려해야 할 사항으로 적당하지 않은 것은?

　가. 가급적 단순호우사상을 택한다.
　나. 강우지속기간 동안 강우강도의 변화가 가급적 큰 분포를 택한다.
　다. 유역 전반에 걸쳐 강우의 공간적 분포가 가급적 균일한 것을 택한다.
　라. 강우의 지속기간이 비교적 짧은 호우사상을 택한다.

정답_나

7.25 시간 매개변수에 대한 정의 중 틀린 것은?

　가. 첨두시간은 수문곡선의 상승부 변곡점부터 첨두유량 발생시각까지의 시간차이다.
　나. 지체시간은 유효우량주상도의 중심에서 첨두유량 발생시각까지의 시간차이다.
　다. 도달시간은 유효유량이 끝나는 시각에서 수문곡선 감수부 변곡점까지의 시간차이다.
　라. 기저시간은 직접유출이 시작되는 시각에서 끝나는 시각까지의 시간차이다.

정답_가

7.26 다음 중 Snyder 방법에 의한 단위유량도합성 방법의 결정 요소(매개변수)와 거리가 먼 것은?

가. 유역의 지체시간   나. 첨두유량

다. 유효우량의 주상도   라. 단위도의 기저폭

정답_다

7.27 다음과 같은 1시간 단위도로부터 3시간 단위도를 유도하였을 경우, 3시간 단위도의 최대종거는 얼마인가?

시간(hr)	0	1	2	3	4	5	6
1hr 단위도 종거 (m³/s)	0	2	8	10	6	3	0

가. 3.3m³/s   나. 8.0m³/s   다. 10.0m³/s   라. 24.0m³/s

정답_나

* 풀이

시간(hr)	0	1	2	3	4	5	6	7	8
1hr 단위도 종거 (m³/s)	0	2	8	10	6	3	0		
1hr 지체		0	2	8	10	6	3	0	
1hr 지체			0	2	8	10	6	3	0
합	0	2	10	20	24	19	9	3	0
3hr 단위도 종거 (m³/s)	0.0	0.6	3.3	6.7	8.0	6.3	3.0	1.0	0.0

7.28 면적이 $10km^2$의 지역에 4시간에 10mm의 강우강도로 무한히 내릴 때 평형유출량은 약 얼마인가?

가. 10.72m³/sec   나. 9.26m³/sec   다. 8.94m³/sec   라. 6.94m³/sec

정답_라

* 풀이

$10km^2 = 10,000,000m^2$, $10mm = 10/1000m$, $4hr = 4 \times 60 \times 60 = 14,400sec$

유량 $= 10,000,000m^2 \times 10/1000m/14400sec = 6.94m^3/sec$

7.29 유역면적이 25km²이고, 1시간에 내린 강우량이 120mm일 때 하천의 유출량이 360m³/s 이면 이 지역에 대한 합리식의 유출계수는?

가. 0.32 　　　　　 나. 0.43 　　　　　 다. 0.56 　　　　　 라. 0.72

정답_나

* 풀이

$Q_v = \dfrac{1}{3.6} CIA$ 에서 $360 = \dfrac{1}{3.6} C(120)(25)$ 이다.

C를 계산하면 0.43이다.

7.30 신도시에 위치한 택지조성지구의 우수배제를 위하여 우수거를 설계하고자 한다. 신도시에서 재현기간 10년의 강우강도식 $I(\text{mm/hr}) = \dfrac{6{,}000}{t+40}$ (t : 분)일 때 합리식에 의한 설계유량은? 단, 유역의 평균유출계수 0.5, 유역면적은 1km², 우수도달시간은 20분이다.

가. 4.6m³/s 　　　　　 나. 13.9m³/s 　　　　　 다. 16.7m³/s 　　　　　 라. 20.8m³/s

정답_나

* 풀이

$Q_v = \dfrac{1}{3.6} CIA$, $\quad I = \dfrac{6{,}000}{t+40} = \dfrac{6000}{20+40} = 100\,\text{mm/hr}$

$Q_p = \dfrac{1}{3.6}(0.5)(100)(1) = 13.9\ \text{m}^3/\text{s}$

08
—
하천 유량

08 • 하천 유량

하천에서 유량측정은 수자원계획, 수공구조물의 설계, 하천계획, 홍수예경보를 수행하기 위해 중요한 기초 작업이다. 하천유량은 하천의 임의 단면을 통과하는 단위시간당 물의 양으로 정의하며 일반적으로 m³/s(CMS, Cubic Meter per Second) 단위를 사용한다. 하천의 한 단면에서 유량을 연속적으로 측정하기는 어렵지만 하천수위는 연속측정이 용이하므로 연속수위를 연속유량으로 환산하여 이용하고 있다. 본 절에서는 하천의 수위를 측정하는 장비와 방법, 하천에서 유속 측정방법과 유량 계산, 수위와 유량과의 관계를 나타내는 수위-유량 곡선 등에 대해 기술한다.

8.1 수위측정

수위(stage)는 평균해수면을 기준으로 하천 수면의 표고를 의미한다. 일반적으로 하상보다 낮게 설치된 수위표의 기준에 대해 영점표고를 부여한다. 수위표는 그 단면의 영구적인 기준이므로 안정되게 설치해야 한다. 수위계에는 보통수위계(manual gauge)와 자기수위계(recording gauge)가 있다. 보통수위계는 눈금이 새겨진 목자판이 교각이나 구조물에 고정되어 수면의 높이를 읽을 수 있도록 되어 있는 것으로 준척수위계라한다. 자기수위계는 수위가 자동으로 기록되도록 만든 장치이다.

자기수위계는 수위를 감지하는 방법에 따라 부표식수위계, 압력식수위계, 전기저항식수위계, 초음파수위계 등으로 구분되며 감지된 수위가 연속적으로 기록되도록 고안된 것이다. 일반적으로 수위를 기록할 수 있는 용지를 원통에 붙여 놓고 수위가 변하는 상태를 원통이 회전되면서 용지에 표시되도록 한 것이며, 일정한 주기로 용지를 회수하여 수위를 읽으면 된다. 최근에는 이와 병행하여 일정한 시간 간격마다 수위값을 무선으로 송신하도록 설치된 수위관측소가 있는데 이를 TM(telemeter) 수위관측소라 한다.

수위관측소에서 측정된 수위는 하천설계, 수자원계획, 수공구조물 설계, 홍수예경보 등에 사용되기 때문에 양질의 자료가 계측되도록 다음 사항을 고려하여 설치장소가 선정되어야 한다.

① 하천의 합류점이나 분류점 부근은 피할 것
② 하상 변동이 작은 곳
③ 홍수 시에 관측이 용이한 비교적 직선 부근의 하천구간
④ 유량의 변화에 따라 수위가 심하게 변하지 않는 지점
⑤ 조석이나 배수영향을 받지 않는 곳

8.2 유속측정

유량을 산정하기 위해서는 하천의 한 단면에서 유속과 수위를 동시에 측정하여 유량과 수위의 관계를 설정하여야 한다. 유속측정은 회전식유속계를 주로 사용하고 홍수때 유속측정에는 봉부자나 전자파표면유속계를 사용한다. 또한 접근이 어려운 협곡이나 산악지형에서는 화학적인 방법을 이용하여 유량을 산정하기도 한다.

8.2.1 회전식 유속계 측정

최근에 하천에서 주로 사용되는 유속계는 전자식으로 프라이스(price)식이나 프로펠러(current)식이다. 프라이스식 유속계는 그림 8.1(a)와 같이 원추형 컵이 유속계 앞에

6개 달려 있으며 흐름 방향에 연하여 흐름 속도에 따라서 연직축에서 회전된다. 원추형 컵이 달린 연직축에서 흐름에 따른 분당 회전수에 의해 식 (8.1)로 유속을 측정한다. 그림 8.1(b)에 제시한 프로펠러식 유속계의 대부분은 전자식으로 회전수에 따라서 순간 유속을 측정하며 사용자가 설정한 시간간격(예를 들어 20, 40, 60초 등)에 따라서 그 시간 동안에 3~5초마다 측정한 유속들의 평균을 디지털 화면에 표시한다.

$$V = a + bN \tag{8.1}$$

여기서 V는 유속(m/s), N은 1분당 회전수(rpm, revolution per minute)이고, a와 b는 유속계별 특성계수이다. 유속계 계수는 검정기관에서 실험을 통해 부여되며 최소 제곱법에 의해 결정된다. 모든 종류의 유속계는 검정기관(KICT 유속계검정장)에서 일반적으로 1~2년마다 유속계 성능에 대한 검정을 받아 사용하도록 되어 있다.

 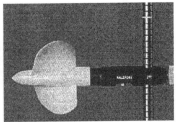

(a) 프라이스식   (b) 프로펠러식

그림 8.1 회전식 유속계

(1) 소단면 평균유속 측정

흐름 단면에서 유속은 연직방향과 수평방향에 대해 다양하게 나타난다. 그림 8.2는 수심에 따른 유속변화를 나타낸 것이다. 하천에서 유량은 흐름단면을 여러 개의 소단면으로 분할하여 각 소단면의 유량을 구하여 이들을 합산하여 전단면에 대한 유량을 결정한다. 소단면의 유량은 소단면의 면적과 이 단면의 평균유속을 곱하여 산정한다. 소단면의 평균유속 산정은 수심에 따라 1점법, 2점법, 3점법에 의해 수행한다.

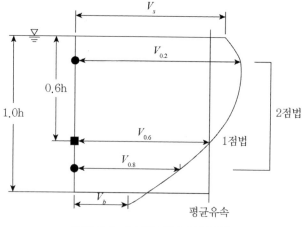

그림 8.2 수심에 따른 유속변화

1) 1점법(수심이 60cm 이하인 경우)

$$V_m = V_{0.6} \tag{8.2a}$$

여기서 V_m은 평균유속, $V_{0.6}$은 수면으로부터 수심의 60%($0.6h$) 지점의 유속이다.

2) 2점법(수심이 60~100cm인 경우)

$$V_m = \frac{V_{0.2} + V_{0.8}}{2} \tag{8.2b}$$

여기서 $V_{0.2}$와 $V_{0.8}$은 수면으로부터 수심의 20%($0.2h$), 80%($0.8h$) 지점의 유속이다.

3) 3점법(수심이 100cm 이상인 경우)

$$V_m = \frac{V_{0.2} + 2V_{0.6} + V_{0.8}}{4} \tag{8.2c}$$

수심이 100cm 이상인 경우라도 하천수위의 시간적변동이 큰 경우에는 2점법 또는 1점법을 사용한다.

8.2.2 화학적 유속측정

화학적인 방법은 염분이나 방사능 물질을 하천에 주입하여 유량을 측정하는 방법으로 희석법이라 하며 하천 흐름에 추적물을 주입하여 완전한 혼합이 이루어진 하류지점에서 농도를 측정하고 질량보존의 법칙을 적용하여 산정하는 방법이다. 추적물에 의해 하천의 생태 환경에 영향을 주어서는 안 된다. 염분희석방법은 농축된 소금용액을 일정한 율로 하천에 주입하여 하류에서 표본을 채취하여 염분농도를 측정하여 유량을 계산한다. 질량보존의 법칙을 적용하면,

$$Q\,C_0 + Q_t\,C_1 = (Q + Q_t)\,C_2 \tag{8.3}$$

이다. 이 식을 유량 Q에 관하여 정리하면 다음과 같다.

$$Q = Q_t \frac{C_1 - C_2}{C_2 - C_0} \tag{8.4}$$

여기서 Q_t는 추적물질용액의 주입률(m^3/s), C_0는 추적물질이 투입되기 이전에 하천수가 갖고 있는 추적물질의 농도(mg/l), C_1은 추적물질의 용액 농도, C_2는 투입 후 검출지점에서 추적물질의 농도이다. 이 방법은 추적물질이 일정하게 주입되어야 한다. 만일 $Q \gg Q_t$이고 $C_2 \gg C_0$인 경우에 이 식은 근사적으로 다음과 같이 나타낼 수 있다.

$$Q = Q_t \frac{C_1}{C_2} \tag{8.5}$$

[예제 8.1] 산악 지형의 하천 상류에서 농도가 1.5g/l인 소금용액을 $2.8\times10^{-5}m^3/s$의 율로 주입하고 소금용액이 하천수와 완전혼합된 하류 횡단면의 2개 지점에서 하천수를 채취한 농도가 각각 $3.8\times10^{-6}g/l$, $3.6\times10^{-6}g/l$이었다. 이 하천의 유량을 결정하시오.

:: 풀이

식 (8.4)를 이용하고 하류지점의 농도는 2개를 평균하면 $3.7\times10^{-6}g/l$이다.

$$Q = \frac{C_1}{C_2} Q_t = 2.8\times10^{-5}\frac{1.5}{3.7\times10^{-6}} = 11.4m^3/s$$

8.2.3 부자를 이용한 유속측정

홍수 시에 하천에서는 유속이 커서 깊은 수심에서는 회전식 유속계를 사용할 수 없으므로 봉부자 또는 전자파표면유속계를 사용한다. 여기서는 봉부자에 의한 유속측정과 유량계산 방법에 대해 간단히 기술한다.

부자는 PVC봉 또는 종이봉을 이용하여 제작하는데, 하천의 수심에 따라 흘수가 0.5, 1.0, 2.0, 4.0m가 되도록 제작하며 수면 위로 약 0.3m 정도가 떠오르도록 한다. 수심이 얕은 지점에서는 표면부자를 만들어 사용하기도 한다. 부자에 의한 유량측정은 일정한 거리를 정해 놓고 그 구간을 흘러가는 데 걸리는 시간을 측정하여 구간평균유속을 구하여 유량을 산정한다.

부자를 투하하기 위해서는 일반적으로 유량측정 구간상류에 교량이 위치하고 있어야 하며, 불가피한 경우는 하천을 가로질러 부자를 투하시킬 수 있는 시설을 설치하여 측정하기도 한다. 측정구간은 부자가 물의 흐름을 따라서 흘러갈 수 있으며 일정한 유로를 확보해야 하므로 직선구간이어야 한다. 그림 8.3과 같이 투하된 부자가 안정되어 흘러가기 위해 안정구간으로서 보조구간(30m 이상)이 필요하며 보조구간 이후에는 연속적으로 2구간의 측정구간(50m 이상)이 필요하다.

부자에 의해 유량을 측정할 때는 수심에 따라 사용할 수 있는 부자의 길이와 부자에 따른 보정계수가 하천설계기준에 제시되어 있다. 또한 하천 폭에 따라 부자의 투하 간격, 즉 관측선의 수가 설계기준에 제시되어 있으므로 기준에 맞게 실시해야 한다.

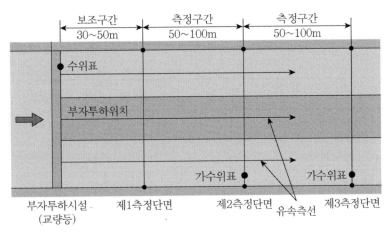

그림 8.3 부자에 의한 유량 측정

8.2.4 전자파표면유속계를 이용한 유속측정

전자파의 도플러 효과를 이용한 유속측정 방법으로 카메라처럼 삼각대에 설치한다. 흐르는 수면에 전자파를 방사하면 거친 수변의 반사파의 일부가 유속계 안테나로 돌아오는데 이 반사파는 도플러 효과에 의해 수면유속에 비례하는 주파수 천이를 가진다. 이 도플러 주파수를 측정하여 표면 유속을 계산한다.

하천 수면의 유속 v와 측정한 도플러 주파수 f_d의 관계는 식 (8.6)과 같고, 식에서 λ는 송신신호의 파장이고 θ는 전자파 방사빔의 연직경사각이다(그림 8.4 참조).

$$v = \frac{\lambda}{2 \cdot \cos\theta} \cdot f_d \tag{8.6}$$

홍수 시에 하천의 수면에 펄스형 전자파를 주사하여 유동하는 수면에 부딪쳐 반사되는 전자파를 감지하고 이동하는 대상에 대한 도플러 주파수를 측정하여 수면유속을 계산하고 그로부터 소단면의 평균유속을 추정하는 방법이다.

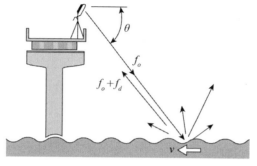

출처: MU2720 사용설명서

그림 8.4 전자파표면유속계의 동작원리

그림 8.5 KICT 유속계 검정장(2018.07.)

8.3 전단면 유량 계산

앞 절의 유속측정은 수심과 유속이 다양하게 변화하는 하천 횡단면에서 특정 소단면
별 수심평균 유속을 측정하는 방법을 설명하였다. 본 절에서는 소단면별 측정유속과 하
천횡단측량 성과를 이용한 전체 횡단면의 유량 계산방법을 설명한다.

소담면의 구간 분할은 소단면에 대한 유량이 횡단면 전체유량의 10%를 넘지 않도록
하며, 수면폭에 따라 분할하는 기준은 별도의 유량측정 기준에 따라 수행한다. 소단면
에 의한 유량산정에서 소단면적을 결정하는 방법으로 중간단면적법과 평균단면적법이
주로 사용된다. 하천이나 수로에서 웨어나 오리피스를 이용하여 유량을 측정하는 방법
은 수리학과 중복되므로 여기서는 생략한다.

8.3.1 중간단면적법

한 단면을 여러 개의 소구간으로 나누어 소구간에서 연직선상의 유속을 측정하고 이 유속이 대표하는 소단면적을 구한다. 이 소단면적은 인접 소구간의 1/2 면적을 합하여 구하고 이 유속을 곱하여 소구간의 유량을 구한다. 소구간의 유량을 합하여 전단면에 대한 유량을 결정하고 이 유량을 전단면적으로 나누어 평균유속을 산정한다. 예를 들어 그림 8.6과 같이 분할된 구간에서 연직선 ③의 유속 V_3에 해당하는 면적은 수면폭 B_2 와 B_3의 1/2에 D_3수심 을 곱한 것이며 이 구간에 해당하는 유량은 다음과 같다.

$$Q_3 = \frac{B_2 + B_3}{2} D_3 V_3 = A_3 V_3 \tag{8.7}$$

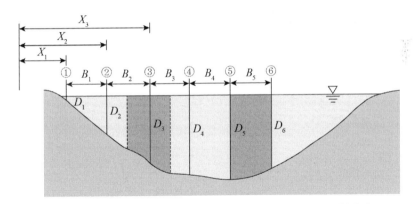

그림 8.6 중간단면적법과 평균단면적법에 의한 유량계산 횡단면

이 관계를 일반적인 형태로 나타내면 다음과 같다.

$$Q_i = \frac{B_{i-1} + B_i}{2} D_i V_i = A_i V_i \tag{8.8}$$

이 단면의 전체 유량과 평균유속은 다음과 같다.

$$Q = \sum_{i=2}^{n} Q_i \tag{8.9}$$

$$V = \frac{Q}{A}, \quad A = \sum_{2}^{n-1} A_i \tag{8.10}$$

8.3.2 평균단면적법

그림 8.3에 나타낸 바와 같이 소구간에 대한 평균유속은 소구간의 양끝의 유속을 평균하여 이 소구간의 면적을 곱한다. 구간 ⑤와 ⑥ 사이에 대한 유량은 식 (8.11)과 같고, 일반식으로 나타내면 식 (8.12)와 같다.

$$Q_5 = B_5 \frac{D_5 + D_6}{2} \frac{V_5 + V_6}{2} = A_5 \overline{V_5} \tag{8.11}$$

$$Q_i = B_i \frac{D_{i+1} + D_i}{2} \frac{V_i + V_{i+1}}{2} = A_i \overline{V_i} \tag{8.12}$$

[예제 8.2] 하천에서 유량을 산정하기 위해 유속을 측정하였다. 하천의 한 단면에서 기준점에서부터 거리, 수심에 따라서 유속을 측정하여 다음 표에 제시하였다. 이 단면에서 중간단면적법과 평균단면적법으로 유량을 산정하시오.

:: 풀이

관측 자료				중간단면적법				평균단면적법			
횡단 거리 m	수심 d m	유속 측정 위치	유속 m/s	평균 유속 m/s	단면폭 m	면적 m²	유량 m³/s	평균 수심 m	면적 m²	평균 유속 m/s	유량 m³/s
1	0.3	0.6d	0.25	0.25	1.0	0.3	0.075	0.40	0.40	0.32	0.128
2	0.5	0.6d	0.38	0.38	1.0	0.5	0.190	0.60	0.60	0.50	0.300
3	0.7	0.2d	0.78	0.62	1.0	0.7	0.434	0.80	0.80	0.66	0.530
		0.8d	0.45								
4	0.9	0.2d	0.82	0.69	1.0	0.9	0.621	1.05	1.05	0.85	0.893
		0.8d	0.56								
5	1.2	0.2d	1.24	1.00	1.0	1.2	1.200	1.05	1.05	1.00	1.050
		0.6d	1.04								
		0.8d	0.67								
6	0.9	0.2d	1.03	0.91	1.0	0.9	0.819	0.80	0.80	0.84	0.672
		0.8d	0.78								
7	0.7	0.2d	0.98	0.77	1.0	0.7	0.539	0.75	0.75	0.66	0.495
		0.8d	0.56								
8	0.8	0.6d	0.60	0.54	1.0	0.8	0.432	0.65	0.65	0.50	0.325
9	0.5	0.6d	0.45	0.45	1.0	0.5	0.225	0.35	0.35	0.34	0.119
10	0.2	0.6d	0.22	0.22	1.0	0.2	0.044	0.10	0.10	0.11	0.011
합계				-	-	6.7	4.579	-	6.55	-	4.523

8.4 수위-유량 관계곡선

하천에서 유량 측정은 상당한 시간과 노력이 필요하며 홍수 시에 유량측정은 더욱 어렵고 시간별 수위변화가 커서 신속하게 측정해야 할 필요가 있다. 항상 연속적인 유량을 측정할 수 없기 때문에 사전에 수위에 따른 유량을 측정하여 수위는 세로좌표에, 유량은 가로좌표에 표시한 수위-유량곡선(rating curve, stage-discharge curve)을 작성하여 이용한다. 수위-유량곡선에 대한 예를 그림 8.7에 제시하였다.

그림 8.6의 수위-유량관계곡선은 단순관계로 나타냈으나 수위에 따른 하천 횡단면이나 유속의 변화로 저수위에서 고수위까지 전체에 대해 하나의 식으로 나타내기 어려운 곳도 있다. 이 경우에 저수위, 중간수위, 고수위로 구분하여 수위-유량관계곡선을 나타내어 정확도를 높이기도 한다. 중요한 하천이거나 단면이 변하는 하천에서는 매년 수위-유량관계곡선을 수정하거나 다시 개발하여 사용한다.

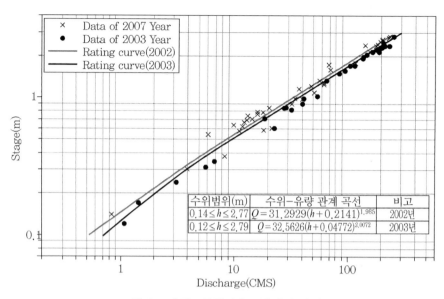

수위범위(m)	수위-유량 관계 곡선	비고
$0.14 \leq h \leq 2.77$	$Q = 31.2929(h + 0.2141)^{1.985}$	2002년
$0.12 \leq h \leq 2.79$	$Q = 32.5626(h + 0.04772)^{2.0072}$	2003년

그림 8.7 수위-유량관계곡선(태인 지점)

자연하천에서는 하천구간에서 수면경사가 일정하지 않고 횡단면이 불규칙하며 단면 통제나 하도통제를 받기 때문에 유량이 수위에 따라 일정하게 변하지 않는다. 흐름이 정상류이면 수위-유량곡선을 간단한 식으로 나타낼 수 있지만 비정상류인 경우에 수면경사에 따라 수위-유량관계가 다르다. 그림 8.8은 홍수파에 의해 수위가 상승할 때와 하강할 때 수위-유량 관계를 보인 것인데 하나의 수위에 대해 수면경사에 따라 2개의 유량이 존재함을 알 수 있다. 이를 수학적인 관계로부터 알아보기 위해 비정상류의 일반 공식을 이용한다.

$$\frac{\partial V}{\partial t} + V\frac{\partial V}{\partial x} + g\frac{\partial y}{\partial x} + g(S_f - S) = 0 \qquad (8.13)$$

여기서 V는 유속, g는 중력가속도, y는 수심, S는 하상경사, S_f는 마찰경사(에너지 경사), x와 t는 유하거리와 시간이다. 홍수파 흐름인 경우에 식 (8.13)에서 앞의 2개 항은 다른 항에 비해 매우 작기 때문에 생략하여 나타낼 수 있다.

$$\frac{\partial y}{\partial x} - S + S_f = 0 \tag{8.14}$$

S_f를 마찰경사 또는 에너지경사로서 Chezy 공식을 이용하여 나타내면 다음과 같다.

$$S_f = V^2/(C^2 R) \tag{8.15}$$

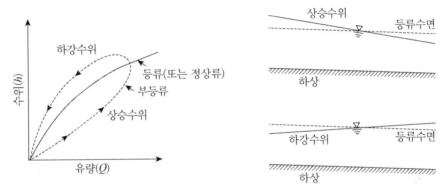

그림 8.8 수면경사에 따른 수위-유량관계

식 (8.15)를 (8.14)에 대입하여 정리하면, $\dfrac{\partial y}{\partial x} - S + \dfrac{V^2}{C^2 R} = 0$, $V^2 = C^2 R \left(S - \dfrac{\partial y}{\partial x} \right)$

$$V = C\sqrt{RS\left(1 - \frac{1}{S}\frac{\partial y}{\partial x}\right)} \tag{8.16}$$

이다. 이 식에서 $\left(1 - \dfrac{1}{S}\dfrac{\partial y}{\partial x}\right)$ 항은 부등류를 나타내기 위한 것임을 알 수 있다. 이는 수면의 경사 $\dfrac{\partial y}{\partial x}$ 의 함수로서 그림 8.8에서 홍수파 상승부수위인 경우에 $\dfrac{\partial y}{\partial x}$ 값이 ($-$), 하강부수위인 경우에 $\dfrac{\partial y}{\partial x}$ 값이 ($+$)이다. 식 (8.16)에서 전자는 정상류($V = C\sqrt{RS}$)일 때보다 유속이 크고 후자는 정상류일 때보다 유속이 작게 된다. 식 (8.16)을 유량으로 나타내면,

$$Q = Q_0 \sqrt{1 - \frac{1}{S} \frac{\partial y}{\partial x}} \qquad (8.17)$$

이다. 여기서 $Q_0 = AC\sqrt{RS}$ 로서 정상류나 등류의 유량이다. 동일한 수위에서 홍수파가 상승하는 경우가 하강하는 경우보다 유량이 더 크다는 것을 의미한다.

수위에 따른 유량의 관계를 수학적인 식으로 나타내기 위해서 회귀분석에 의해 최적의 식을 구해야 한다. 수위-유량관계 곡선식을 유도하기 위해 수위와 유량자료를 전대수지에 도시하면, 직선, 혹은 곡선으로 나타난다. 직선인 경우와 곡선인 경우는 각각 다음과 같은 2가지 형태의 식을 갖는다.

$$Q = ah^b \qquad (8.18)$$
$$Q = a(h+c)^b \qquad (8.19)$$

여기서 Q는 유량(m^3/s), h는 수위(m), c는 수위계의 0점 표고와 유량이 0이 되는 표고차와의 높이차(m)이고, a와 b는 회귀상수이다. 식 (8.19)에서 c의 값에 따라서 곡선의 형태를 3가지로 구분할 수 있는데 이 관계를 표 8.1에 나타냈다.

표 8.1 수위-유량 관계곡선식의 구분

식 (8.17)의 c값	곡선의 형태	관계식	참고
0	직선	$Q = ah^b$	영점표고와 유량이 0인 수위가 일치
$-c$	오목	$Q = a(h-c)^b$	영점표고가 유량이 0인 수위보다 낮음
$+c$	볼록	$Q = a(h+c)^b$	영점표고가 유량이 0인 수위보다 높음

만일 관측지점에서 유량이 0인 표고를 알지 못하는 경우에 c값을 산정하기가 곤란하다. 이 경우에는 c값을 가정하여 회귀분석한 후에 상관분석을 통해서 오차가 가장 작은 값을 선택하도록 시행한다.

이와 같이 수위와 유량을 직접측정하여 수위-유량관계곡선을 개발하여 사용할 수 있지만 수위만 알고 있는 경우에 간접적으로 유량을 구하기 위해 Manning 공식을 이용하여 구할 수 있는 수면경사–면적 방법(slope-area method)도 있다. 또한 배수 영향이 있는 하천에서는 하류의 조건에 따라 배수효과가 상류로 전달되므로 에너지 경사를 고려하여 수위–유량관계를 보완하여 사용하여야 한다.

그리고 수위–유량관계곡선식은 측정된 수위 범위 내에서 적용 가능하기 때문에 측정범위 이상이나 이하에서는 수위–유량관계곡선을 적용하기 위해서 유의해야 한다. 곡선을 연장하는 방법에는 전대수지법, Stevens 방법, 경사–면적방법, 유속–면적법 등이 있다.

8.5 수면경사–면적 방법

홍수기에 최대 홍수가 발생하였을 때 수위는 높고, 흐름은 신속하게 지나가며 사고 확률이 증가하기 때문에 직접 유량을 측정하는 것은 어렵다. 개수로 흐름 공식을 이용하여 간접적으로 첨두 홍수량(peak discharge)을 평가하여 결정할 수 있다. 간접적인 홍수량조사 방법 중에 하나가 수면경사–면적 방법(slope-area method)이다.

특정한 하도 구간에 대해 수면경사–면적 방법을 적용하기 위해 다음과 같은 자료가 필요하다.

(1) 하도 구간의 길이
(2) 하도 구간에서 수면 표고 변화의 평균, 즉 평균 수위 하강고
(3) 상류와 하류 단면의 단면적, 윤변, 에너지 보정계수
(4) 하도 구간의 평균 Mannin g계수 n

특정한 하도 구간을 선택할 때 다음 사항을 고려해야 한다.

(1) 최고 수위를 쉽게 알 수 있는 곳(흔적 등을 포함)이어야 한다.
(2) 수위 하강고를 측정할 수 있도록 하도 구간이 충분히 길어야 한다.

(3) 단면 형상과 수로의 크기가 비교적 일정해야 한다.

(4) 하도 구간은 비교적 직선이어야 한다(축소되는 구간이 확장되는 구간보다는 양호하다).

(5) 교량, 굽은 수로, 낙차 등과 같이 부등류가 발생되는 구간은 피해야 한다.

하도 구간이 길면, 경사−면적 방법의 정확성은 향상된다. 적정한 하도가 되기 위해 다음 기준을 하나 이상 만족하여야 한다.

(1) 하도구간의 길이와 수리수심(hydraulic depth, $h_d = A/B$)의 비가 75 이상이다.

(2) 수위 하강고가 0.15m 이상이다.

(3) 수위 하강고가 상류단면 및 하류단면의 속도수두보다 크다.

그 과정은 다음과 같은 단계로 구성되어 있다.

1. 상류와 하류 단면의 통수능 K을 계산한다.

$$K_u = \left(\frac{1}{n}\right) A_u R_u^{2/3} \tag{8.20a}$$

$$K_d = \left(\frac{1}{n}\right) A_d R_d^{2/3} \tag{8.20b}$$

여기서 A는 단면적, R은 동수반경, n은 구간 조도계수, 첨자 u와 d는 상류와 하류를 각각 나타낸다.

2. 상류와 하류의 통수능에 대해 기하평균을 계산하여 구간 통수능 K을 결정한다.

$$K = (K_u K_d)^{1/2} \tag{8.21}$$

3. 우선 근사적인 에너지경사를 계산한다.

$$S_1 = \frac{F}{L} \tag{8.22}$$

여기서 S_1은 첫 번째 근사적인 에너지경사, F는 수위 하강고, L은 구간길이이다.

4. 첫 번째 근사적인 첨두유량을 계산한다.

$$Q_1 = KS_1^{1/2} \tag{8.23}$$

여기서 Q_1는 근사적인 첨두유량이다.

5. 새로운 첨두유량을 계산한다.

$$Q_i = KS_i^{1/2} \tag{8.24}$$

6. 속도수두를 계산한다.

$$h_{vu} = \frac{\alpha_u (Q_i/A_u)^2}{2g} \tag{8.25a}$$

$$h_{vd} = \frac{\alpha_d (Q_i/A_d)^2}{2g} \tag{8.25b}$$

여기서 h_{vu}와 h_{vd}는 각각 상류와 하류 단면에서 속도수두, α_u와 α_d는 각각 상류와 하류 단면에서 에너지 보정계수이고 g는 중력가속도이다.

7. 새로운(updated) 에너지경사를 계산한다.

$$S_i = \frac{F + k(h_{vu} - h_{vd})}{L} \tag{8.26}$$

여기서 S_i는 새로 계산된 에너지경사이다. k는 손실계수로서 구간 단면이 확장되는 경우($A_d > A_u$)에 $k = 0.5$, 축소되는 경우($A_d < A_u$)에 $k = 1.0$이다.

8. 단계 5로 되돌아가 단계 7까지 반복한다. 단계 5부터 단계 7로부터 얻은 새로운 첨두유량을 구한다. 단계 6에서 단계 5에서 구한 새로운 Q_i에 대한 속도수두를 구한다. 단계 7에서 단계 6에서 얻은 속도수두로부터 새로운 에너지경사를 구한다. 단계 5에서 얻은 첨두유량 반복계산 값의 변화가 무시할만할 때 반복계산을

중지한다. 실제로 이 과정은 3~5번 정도의 반복으로 마칠 수 있다.

[예제 8.3] 다음과 같은 자료가 주어졌을 때 수면경사 – 면적 방법을 이용하여 첨두유량을 구하시오.

:: 자료

구간길이 500m,　　　　수위하강고 0.5m,　　　　Manning 조도계수 $n = 0.04$

상류 단면적 1,050m²,　　상류 윤변 400m,　　　상류 에너지보정계수 1.10

하류 단면적 1,000m²,　　하류 윤변 375m,　　　하류 에너지보정계수 1.12

:: 풀이

상류의 동수반경과 통수능은 $R_u = 2.625$m, $K_u = 49,952$m³/s, 하류의 동수반경과 통수능은 $R_d = 2.667$m, $K_u = 48,075$m³/s이다. 구간통수능은 $K = 49,005$m³/s, 1번째 에너지경사 $S = 0.5/500 = 0.001$, 1번째 첨두유량은 $Q_i = 1,550$m³/s이다. $A_d < A_u$이므로 $k = 1.0$이다. 단계 5부터 7까지 계산을 다음 표에 요약하였다. 3번 반복 후에 최종 첨두유량 값은 $Q_p = 1,526$m³/s이다.

표 예제 8.3 첨두유량 계산

반복 횟수	상류속도수두 h_{vu} (m)	하류속도수두 h_{vd} (m)	에너지경사 (m/m)	첨두유량 (m³/s)
1	-	-	0.00100	1550
2	0.122	0.137	0.00097	1526
3	0.118	0.133	0.00097	1526

8.1 유속측정 방법에 따른 수심평균유속 결정방법을 5가지 이상 설명하시오. (5점법, 6점법은 제외)

* 풀이

① 1점법 : $\bar{v} = v_{0.6} = v_{y=0.6d}$ 수면에서 수심의 0.6배 지점의 유속을 측정

② 2점법 : $\bar{v} = \dfrac{1}{2}(v_{0.2} + v_{0.8})$ 수면에서 수심의 0.2, 0.8배 깊이 지점의 유속을 측정, 산술평균

③ 3점법 : $\bar{v} = \dfrac{1}{4}(v_{0.2} + 2v_{0.6} + v_{0.8})$ 수면에서 수심의 0.2, 0.6, 0.8배 깊이 지점의 유속을 측정, 가중평균

④ 유속(v_i)이 측정된 수심구간 Δd_i를 구하여, 적분한 후 전 수심으로 나눔

　평균유속 $\bar{v} = (\sum v_i \cdot \Delta d_i)/d$: 연직유속곡선법

⑤ 전수심 측정법 : 일정한 속도로 수면에서 바닥까지 강하하고 다시 바닥에서 수면까지 상승하여 얻어지는 유속 = 수심평균 유속

⑥ 수면유속법 : $\bar{v} = (0.85 \sim 0.90) \times v_s$ 수면유속 v_s를 측정하여 계수를 곱하여 구한다.

8.2 여러 개의 소단면으로 분할하여 측정된 유속으로부터 하천유량을 계산하는 방법 4가지를 열거하고 설명하시오.

* 풀이

a) 중간단면법 : $Q = \sum A_i V_i = \sum \dfrac{b_{i-1} + b_i}{2} d_i V_i$, 소단면 i의 폭 b_i, 수심 d_i, 유속 V_i, 단면적 A_i

b) 평균단면법 : $Q = \sum A_i \overline{V_i} = \sum vbi \dfrac{d_i + d_{i+1}}{2} \cdot \dfrac{V_i + V_{i+1}}{2}$

c) 수심·유속 적분법

　① 각 연직선의 수심유속곡선 도시

　② 각 연직선의 수심 유속 곡선면적을 계산

　③ 수면 폭을 횡축으로 하여 (수심×유속) 면적을 종축에 도시

　④ 횡축과 면적곡선 사이의 면적 계산 = 유량

d) 등유속선법

　① 횡단면상에 여러 점의 유속을 표기한 후 등선속도(isovel)을 작성

　② 최대 유속부터 시작, 등속선간 면적을 결정

　③ 각등속선에 대한 유속을 종축, 누가면적을 횡축에 도시하여 작성된 누가면적곡선 아래 면적 = 유량

8.3 다음 표 ①④항과 같이 측정된 하천의 유량을 평균단면적법으로 계산하시오. 단, 유속계 검정결과는 v(m/s) = 0.1+0.02N(rpm)이다.

①	횡단거리(m)	0.0	3.0	6.0	8.0	10.0	14.0
②	수심 d(m)	0.0	1.5	2.6	2.4	1.2	0.0
③	측점(y/d)	-	0.6	0.2 0.8	0.2 0.8	0.6	-
④	회전수 N(rpm)	-	30	54 36	48 36	28	-
⑤	점유속(m/s)		0.70	1.18 0.82	1.06 1.82	0.66	
⑥	평균유속(m/s)		0.70	1.00	0.94	0.66	
⑦	단면적(m)		3.0	3.0	2.0	2.0	4.0
⑧	유수면적(m²)		2.25	6.15	5.00	3.60	2.40
⑨	유량(m³/s)		0.79	5.23	4.85	2.88	0.79

$$\sum Q_i = (0.79 + 5.23 + 4.85 + 2.858 + 0.79)/12.96, \quad Q = 14.54\,\mathrm{m^3/s}$$

8.4 하천에서 유량을 산정하기 위해 유속을 측정하였다. 하천의 한 단면에서 기준점에서부터 거리, 수심에 따라서 유속을 측정하여 다음 표에 제시하였다. 이 단면에서 중간단면적법과 평균단면적법에 의해 유량을 산정하시오.

관측 자료				중간단면적법				평균단면적법			
거리	수심	유속 측정 위치	유속	평균 유속	단면 폭	면적	유량	평균 수심	면적	평균 유속	유량
m	m		m/s	m/s	m	m²	m³/s	m	m²	m/s	m³/s
0.8	0.5	0.6d	0.13								
1.6	1.0	0.2d	0.18								
		0.8d	0.26								
2.4	1.6	0.2d	0.20								
		0.8d	0.26								
3.0	2.0	0.2d	0.22								
		0.8d	0.27								
3.6	2.0	0.2d	0.22								
		0.8d	0.27								
4.2	1.8	0.2d	0.21								
		0.8d	0.27								
5.0	1.2	0.2d	0.19								
		0.8d	0.26								
5.8	0.6	0.6d	0.14								
6.6	0.0										
합계				-	-			-		-	

8.5 수면경사-면적 방법을 이용하여 다음 자료에 대한 첨두유량을 구하시오.

구간 : 구간길이 500m, 수위하강고 0.5m, Manning's $n = 0.04$

상류 : 단면적 $1,000\text{m}^2$, 윤변 375m, 에너지보정계수 1.12

하류 : 단면적 $1,050\text{m}^2$, 윤변 400m, 에너지보정계수 1.10

* 풀이

$$통수능 = K_u = \frac{1}{n} A_u R_u^{\frac{2}{3}} = \frac{1}{0.04} \times 1000 \times \left(\frac{1000}{375}\right)^{\frac{2}{3}} = 48,075\text{m}^3/\text{s}$$

$$K_d = \frac{1}{n} A_d R_d^{\frac{2}{3}} = \frac{1}{0.04} \times 1050 \times \left(\frac{1050}{400}\right)^{\frac{2}{3}} = 49,952\text{m}^3/\text{s}$$

* 첨자 u, d는 각각 분석구간 상류, 하류 단면을 의미함.

$$평균통수능 \ \overline{K} = (K_u \cdot K_d)^{0.5} = 49,004$$

$$S_{en1} = F/L = 0.5/500 = 0.0010, \quad Q_1 = KS_{en1}^{0.5} = 1.550\text{m}^3/\text{s},$$

$$h_{vu} = \alpha_u \frac{(Q_1/A_u)^2}{2g} = 0.1371, \quad h_{vd} = \alpha_d \frac{(Q_1/A_d)^2}{2g} = 0.1221$$

$$S_{en2} = \frac{[F + k(h_{vu} - h_{vd})]}{L} = \frac{0.5 + 0.5(0.1371 - 0.1221)}{500} = 0.001015$$

$$Q_2 = \overline{K}S_2^{\frac{1}{2}} = 49,004 \times 0.001015^{0.5} = 1,561\text{m}^3/\text{s}$$

8.6 150m 떨어진 구간의 상하류 두 점 A와 B에서 수위 표고는 각각 4.63m, 4.48m이었다. 상류와 하류지점에 대한 자료가 다음과 같이 주어졌을 때 수면경사-면적 방법을 이용하여 첨두유량을 구하시오.

* 자료

상류 단면적 $1,028\text{m}^2$, 상류 통수능 $K_u = 1.277 \times 10^5 \text{ m}^3/\text{s}$, $\alpha_u = 1.10$

하류 단면적 $1,021\text{m}^2$, 하류 통수능 $K_d = 1.306 \times 10^5 \text{ m}^3/\text{s}$, $\alpha_d = 1.12$

8.7 고수위 유량을 얻기 위한 수위-유량곡선의 연장방법 3가지를 설명하시오.

* 풀이

a) 전대수지법 : 유량 Q와 수위 H의 관계를 지수함수 $Q = a(H-z)^b$으로 가정할 수 있으면, H와 Q의 관계는 전대수(log-log) 눈금지에서 직선이 되어 쉽게 연장할 수 있음.
a, b는 회귀상수이고, $Q = 0$인 수위 z는 전대수지 상에서 $H - Q$의 관계곡선이 직선이 될 때까지 시산법으로 구한다. 이때 凵형과 冂형에 곡선의 H_1과 H_2에 대응한 Q_1과 Q_2의 기하평균 Q_3를 이용하면 0유량 수위 z를 비교적 간편히 구할 수 있다.

$$Q_3 = \sqrt{Q_1 Q_2}$$ 에서 $a(H_3 - z)^b = \sqrt{a(H_1 - z)^b a(H_2 - z)^b}$ 이고 $z = \dfrac{H_1 H_2 - H_3^2}{H_1 + H_2 - 2H_3}$

b) Stevens법 : Chezy 평균유속공식을 연속방정식에 적용하면 $Q = AC\sqrt{RS}$ 인데, 수로경사 S가 일정하면 $C\sqrt{S} = K$는 상수이고 동수반경 R = 평균수심 $\overline{h}$ 를 가정하면 $Q = KA\sqrt{\overline{h}}$ 이다. $\overline{h}$ 는 수위 H의 함수이므로 $Q \sim A\sqrt{\overline{h}}$ 관계직선과 $A\sqrt{\overline{h}} \sim H$ 관계곡선을 y축을 공유하는 선형눈금지에 작성하면, $H \Rightarrow A\sqrt{\overline{h}} \Rightarrow Q$를 이용하여 유량측정치의 범위를 초과한 수위 H에 대한 유량 Q를 구할 수 있다.

c) 경사-면적법 : 수리학적원리 이용, 하천구간 상하류 홍수흔적 필요

$$Q = \frac{1}{n} A R^{\frac{2}{3}} S^{\frac{1}{2}}, \quad A와 \ R은 구간 내 평균치$$

8.8 대규모의 홍수가 발생할 경우, 점유속의 측정에 의한 첨두홍수량의 산정은 큰 하천에서 불가능한 경우가 많아 간접적인 방법으로 추정하여야 한다. 이러한 방법으로 가장 많이 사용되는 것은?

가. 경사-면적방법(slope-area method)

나. SCS 방법(Soil Conservation Service)

다. DAD 해석법

라. 누가 우량 곡선법

정답_가

8.9 다음 중 수위-유량관계곡선의 연장방법이 아닌 것은?

가. 전대수지법   나. Stevens 방법

다. Manning 공식에 의한 방법   라. 유량빈도 곡선법

정답_라

참고문헌

▶ 국토교통부, 수자원장기종합계획
▶ 국토교통부, 전국유역조사 통계·분석보고서
▶ 김민환, 수문학, 새론
▶ 김형수, 수문학, 동화기술
▶ 문영일 외3, 수문학, 사이텍미디어
▶ 선우중호, 수문학, 동명사
▶ 윤용남, 수문학-기초와 응용, 청문각
▶ 윤태훈, 응용수문학, 청문각
▶ 이재수, 수문학, 구미서관
▶ 水村和正, 水文學, 山海堂
▶ Gupta R, Hydrology and Hydraulic Systems, Prentice Hall
▶ Haan C. T., Barfield B. J., Hayes J. C., Design Hydrology and Sedimentology for Small Catchments, Academic Press
▶ Elizabeth M. S., Hydrology in Practice, Chapman & Hall
▶ Sumramanya K., Engineering Hydrology, McGraw-Hill

찾아보기

저자 소개

김민환   호남대학교 토목환경공학과 교수

정재성   순천대학교 토목공학과 교수

기초 수문학

초판발행 2018년 8월 24일
초판인쇄 2018년 8월 31일

저   자 김민환, 정재성
펴 낸 이 김성배
펴 낸 곳 도서출판 씨아이알

책임편집 박영지
디 자 인 송성용, 박영지
제작책임 김문갑

등록번호 제2-3285호
등 록 일 2001년 3월 19일
주   소 (04626) 서울특별시 중구 필동로8길 43(예장동 1-151)
전화번호 02-2275-8603(대표)
팩스번호 02-2265-9394
홈페이지 www.circom.co.kr

I S B N 979-11-5610-632-6 93530
정   가 18,000원